FUNDAMENTOS DE ELETRICIDADE

O GEN | Grupo Editorial Nacional – maior plataforma editorial brasileira no segmento científico, técnico e profissional – publica conteúdos nas áreas de ciências exatas, humanas, jurídicas, da saúde e sociais aplicadas, além de prover serviços direcionados à educação continuada e à preparação para concursos.

As editoras que integram o GEN, das mais respeitadas no mercado editorial, construíram catálogos inigualáveis, com obras decisivas para a formação acadêmica e o aperfeiçoamento de várias gerações de profissionais e estudantes, tendo se tornado sinônimo de qualidade e seriedade.

A missão do GEN e dos núcleos de conteúdo que o compõem é prover a melhor informação científica e distribuí-la de maneira flexível e conveniente, a preços justos, gerando benefícios e servindo a autores, docentes, livreiros, funcionários, colaboradores e acionistas.

Nosso comportamento ético incondicional e nossa responsabilidade social e ambiental são reforçados pela natureza educacional de nossa atividade e dão sustentabilidade ao crescimento contínuo e à rentabilidade do grupo.

FUNDAMENTOS DE ELETRICIDADE

MATHEUS TEODORO DA SILVA FILHO
Mestre em Engenharia Elétrica
(Universidade Estadual de Campinas — Unicamp)
Professor
(Universidade Tuiuti do Paraná — UTP)
Engenheiro Eletricista

O autor e a editora empenharam-se para citar adequadamente e dar o devido crédito a todos os detentores dos direitos autorais de qualquer material utilizado neste livro, dispondo-se a possíveis acertos caso, inadvertidamente, a identificação de algum deles tenha sido omitida.

Não é responsabilidade da editora nem do autor a ocorrência de eventuais perdas ou danos a pessoas ou bens que tenham origem no uso desta publicação.

Apesar dos melhores esforços do autor, do editor e dos revisores, é inevitável que surjam erros no texto. Assim, são bem-vindas as comunicações de usuários sobre correções ou sugestões referentes ao conteúdo ou ao nível pedagógico que auxiliem o aprimoramento de edições futuras. Os comentários dos leitores podem ser encaminhados à **LTC — Livros Técnicos e Científicos Editora** pelo e-mail faleconosco@grupogen.com.br.

Direitos exclusivos para a língua portuguesa
Copyright © 2007 by Matheus Teodoro da Silva Filho
LTC — Livros Técnicos e Científicos Editora Ltda.
Uma editora integrante do GEN | Grupo Editorial Nacional

Reservados todos os direitos. É proibida a duplicação ou reprodução deste volume, no todo ou em parte, sob quaisquer formas ou por quaisquer meios (eletrônico, mecânico, gravação, fotocópia, distribuição na internet ou outros), sem permissão expressa da editora.

Travessa do Ouvidor, 11
Rio de Janeiro, RJ — CEP 20040-040
Tels.: 21-3543-0770 / 11-5080-0770
Fax: 21-3543-0896
faleconosco@grupogen.com.br
www.grupogen.com.br

Editoração Eletrônica: REDBSTYLE

CIP-BRASIL. CATALOGAÇÃO-NA-FONTE
SINDICATO NACIONAL DOS EDITORES DE LIVROS, RJ.

S58f

Silva Filho, Matheus Teodoro da
Fundamentos de eletricidade / Matheus Teodoro da Silva Filho. - [Reimpr.]. - Rio de Janeiro : LTC, 2018.

Contém exercícios
Apêndice
Inclui bibliografia
ISBN 978-85-216-1536-1

1. Eletricidade. I. Título.

07-0224.

CDD: 621.3
CDU: 621.3

Aos meus pais,

Matheus e Gedalva

PREFÁCIO

Este livro é dirigido a professores e estudantes de cursos técnicos da área industrial em Eletrotécnica, Eletrônica, Eletromecânica e similares.

Quando esses cursos eram regidos pela antiga Lei n.º 5692/71, as disciplinas técnicas eram ministradas junto com as disciplinas de formação geral (Português, Matemática, Física, História etc.). A parte técnica era distribuída nos quatro anos do curso, com maior disponibilidade de carga horária para disciplinas básicas da parte técnica, como Eletricidade.

Com a nova Lei de Diretrizes e Bases — Lei n.º 9394/96 —, os cursos técnicos foram remodelados e hoje há duas modalidades: o ensino médio integrado, em que a organização do curso é parecida com a da lei anterior, e o ensino subseqüente ao médio, no qual só há disciplinas técnicas. Nas duas modalidades, o tempo destinado às disciplinas de cunho básico, tais como Eletricidade, ficou menor.

Ao mesmo tempo, foi necessário abrir espaço nesses cursos para novos conhecimentos que surgiram com a inovação tecnológica.

Assim, os conhecimentos básicos passaram a ser ministrados de maneira mais compacta, compatível com a carga horária disponível.

Este livro resultou do aperfeiçoamento das apostilas e do material coletado pelo autor durante os anos em que ministrou aulas de Eletricidade, com consulta a diversas obras. A obra está na forma compacta requerida pelos novos cursos.

Procurou-se explicar cada conceito básico de uma forma simples e fácil de ser entendida pelos alunos. Há exercícios resolvidos e exercícios propostos, e as soluções dos exercícios numéricos vêm no final.

Os conteúdos são colocados em uma seqüência lógica que possibilita ao aluno que nunca teve conhecimentos de Eletricidade evoluir seu aprendizado, dos conceitos mais simples aos mais complexos. Os conteúdos abordados são os essenciais para dar ao aluno uma base para o estudo da Eletricidade em circuitos de corrente contínua e corrente alternada.

Os cursos técnicos não exigem conhecimentos de cálculo diferencial e integral. Assim, este livro não aprofunda o desenvolvimento matemático com tal nível de complexidade.

Este livro pode ser utilizado como material de apoio em cursos de Tecnologia e em outros cursos de nível superior, nos quais o aprofundamento matemático é compatível com a forma aqui apresentada.

Agradecemos aos colegas que trabalharam conosco e nos deram sugestões de melhoria, e àqueles que gostaram do nosso trabalho, motivando-nos a aprimorá-lo para que pudesse ser útil também a outras instituições.

O AUTOR,

março 2007

Material Suplementar

Este livro conta com material suplementar restrito a docentes.

O acesso ao material suplementar é gratuito. Basta que o leitor se cadastre em nosso *site* (www.grupogen.com.br), faça seu *login* e clique em GEN-IO, no menu superior do lado direito. É rápido e fácil.

Caso haja alguma mudança no sistema ou dificuldade de acesso, entre em contato conosco (gendigital@grupogen.com.br).

GEN-IO (GEN | Informação Online) é o repositório de materiais suplementares e de serviços relacionados com livros publicados pelo GEN | Grupo Editorial Nacional, maior conglomerado brasileiro de editoras do ramo científico-técnico-profissional, composto por Guanabara Koogan, Santos, Roca, AC Farmacêutica, Forense, Método, Atlas, LTC, E.P.U. e Forense Universitária. Os materiais suplementares ficam disponíveis para acesso durante a vigência das edições atuais dos livros a que eles correspondem.

SUMÁRIO

CAPÍTULO 1   RESUMO DA HISTÓRIA DA ELETRICIDADE, 1

CAPÍTULO 2   ELETRICIDADE ESTÁTICA, 3

    2.1   A estrutura da matéria, 3
    2.2   Carga elétrica, 3
    2.3   Atração e repulsão entre corpos carregados, 4
    2.4   Campo elétrico, 4
    2.5   Eletrização, 5
    2.6   Exercícios propostos, 6

CAPÍTULO 3   CORRENTE ELÉTRICA E LEI DE OHM, 8

    3.1   Materiais condutores e materiais isolantes, 8
    3.2   Corrente elétrica, 8
    3.3   Intensidade da corrente elétrica, 9
    3.4   Diferença de potencial e força eletromotriz, 9
    3.5   Sentido da corrente elétrica, 9
    3.6   Resistência elétrica, 10
    3.7   Lei de Ohm, 11
    3.8   Tipos de corrente elétrica, 11
    3.9   Modelamento de um circuito elétrico, 12
    3.10   Múltiplos e submúltiplos das unidades de medidas elétricas, 12
    3.11   Exercícios resolvidos, 13
    3.12   Exercícios propostos, 14

CAPÍTULO 4   TRABALHO, POTÊNCIA E ENERGIA ELÉTRICA, 15

    4.1   Trabalho elétrico, 15
    4.2   Energia elétrica, 16
    4.3   Potência elétrica, 16
    4.4   Efeito Joule, 17
    4.5   Exercícios resolvidos, 18
    4.6   Exercícios propostos, 20

CAPÍTULO 5   CIRCUITOS DE CORRENTE CONTÍNUA COM RESISTORES ASSOCIADOS EM SÉRIE E EM PARALELO, 21

    5.1   Associações de resistores, 21
    5.2   Propriedades da associação em série de resistores, 22
    5.3   Propriedades dos resistores associados em paralelo, 23
    5.4   Circuito aberto, 25
    5.5   Curto-circuito, 25

5.6	O divisor de tensão resistivo, 25	
5.7	Exercícios resolvidos, 26	
5.8	Exercícios propostos, 30	

CAPÍTULO 6 CIRCUITOS DE CORRENTE CONTÍNUA CONTENDO ASSOCIAÇÕES MISTAS DE RESISTORES, 32

6.1	Associações mistas de resistores, 32	
6.2	As leis de Kirchhoff, 32	
6.3	Exercícios resolvidos, 35	
6.4	Exercícios propostos, 40	

CAPÍTULO 7 CIRCUITOS DE CORRENTE CONTÍNUA CONTENDO VÁRIAS FONTES DE TENSÃO, 43

7.1	O teorema da superposição, 43	
7.2	O método das correntes de malha, 45	
7.3	Exercícios propostos, 47	

CAPÍTULO 8 OS TEOREMAS DE THÉVENIN E DE NORTON, 49

8.1	Fonte de corrente, 49	
8.2	O teorema de Thévenin, 49	
8.3	O teorema de Norton, 50	
8.4	Exercícios resolvidos, 51	
8.5	Exercícios propostos, 55	

CAPÍTULO 9 NOÇÕES DE MAGNETISMO E DE ELETROMAGNETISMO, 58

9.1	Ímãs naturais, 58	
9.2	Ímãs permanentes e ímãs temporários, 58	
9.3	Natureza dos materiais magnéticos, 59	
9.4	Campos magnéticos, 59	
9.5	Campo magnético em torno de um condutor, 61	
9.6	Campo magnético de uma bobina, 62	
9.7	Eletroímãs, 63	
9.8	Exercícios propostos, 63	

CAPÍTULO 10 CAPACITÂNCIA E CAPACITORES, 65

10.1	Capacitores e capacitância, 65	
10.2	Fatores de que depende a capacitância de um capacitor, 66	
10.3	Tipos de capacitores, 67	
10.4	Exercício resolvido, 68	
10.5	Exercícios propostos, 69	

CAPÍTULO 11 FORÇA ELETROMOTRIZ INDUZIDA E LEI DE LENZ, 70

11.1	Força eletromotriz induzida, 70	
11.2	Lei de Lenz, 70	
11.3	Exercícios propostos, 71	

CAPÍTULO 12 CORRENTE ALTERNADA, 72

12.1	Histórico, 72	

12.2 O gerador elementar, 73
12.3 Formas de onda, 74
12.4 Ciclo de uma corrente alternada, 75
12.5 Parâmetros de uma corrente alternada senoidal, 75
12.6 Relações de fase, 76
12.7 Exercícios resolvidos, 77
12.8 Exercícios propostos, 78

CAPÍTULO 13   RESISTÊNCIA, INDUTÂNCIA E CAPACITÂNCIA EM CIRCUITOS DE CORRENTE ALTERNADA, 79

13.1 Tensão e corrente nos circuitos resistivos, 79
13.2 Indutância, 79
13.3 O efeito da indutância nos circuitos de corrente alternada, 81
13.4 Reatância indutiva, 81
13.5 Capacitância nos circuitos de corrente alternada, 83
13.6 Reatância capacitiva, 83
13.7 Exercícios resolvidos, 84
13.8 Exercícios propostos, 85

CAPÍTULO 14   POTÊNCIA ATIVA, POTÊNCIA REATIVA E POTÊNCIA APARENTE, 86

14.1 Potência nos circuitos resistivos, 86
14.2 A potência nos circuitos indutivos e capacitivos, 87
14.3 Exercícios propostos, 88

CAPÍTULO 15   NÚMEROS COMPLEXOS, 89

15.1 Forma algébrica e forma polar de um número complexo, 89
15.2 Transformações para se representarem números complexos, 90
15.3 Operações com números complexos, 92
15.4 Exercícios propostos, 92

CAPÍTULO 16   ASSOCIAÇÕES EM SÉRIE E EM PARALELO DE RESISTORES, INDUTORES E CAPACITORES EM CIRCUITOS DE CORRENTE ALTERNADA, 94

16.1 Impedância, 94
16.2 Fasores, 94
16.3 Uso dos números complexos em Eletricidade, 96
16.4 Circuitos em série em corrente alternada, 97
16.5 Circuitos de corrente alternada com componentes em paralelo, 98
16.6 Fator de potência, 100
16.7 Potências ativa, reativa e aparente, 100
16.8 Exercícios resolvidos, 101
16.9 Exercícios propostos, 106

CAPÍTULO 17   CIRCUITOS MISTOS DE CORRENTE ALTERNADA COM RESISTÊNCIA, INDUTÂNCIA E CAPACITÂNCIA, 109

17.1 Recomendações para resolução de circuitos mistos de corrente alternada, 109
17.2 Exercícios resolvidos, 110
17.3 Exercícios propostos, 113

xii SUMÁRIO

CAPÍTULO 18   CIRCUITOS TRIFÁSICOS EQUILIBRADOS, 115

    18.1   Sistemas polifásicos, 115
    18.2   Seqüência de fases, 116
    18.3   Sistemas trifásicos em estrela (Y) e em triângulo (Δ), 117
    18.4   Cargas equilibradas em estrela (Y), 118
    18.5   Cargas equilibradas em triângulo (Δ), 121
    18.6   Potência nos circuitos trifásicos equilibrados, 123
    18.7   Exercícios resolvidos, 125
    18.8   Exercícios propostos, 128

CAPÍTULO 19   CIRCUITOS TRIFÁSICOS DESEQUILIBRADOS, 129

    19.1   Cargas desequilibradas, 129
    19.2   Cargas desequilibradas em triângulo, 129
    19.3   Cargas desequilibradas em estrela a quatro fios, 130
    19.4   Cargas desequilibradas em estrela a três fios (sem neutro), 131
    19.5   Carga a duas fases e neutro, 134
    19.6   Cargas em "V" ou em triângulo aberto, 135
    19.7   Potência nas cargas trifásicas desequilibradas, 135
    19.8   Exercícios resolvidos, 135
    19.9   Exercícios propostos, 140

Apêndices, 142

    A   Equipamentos de laboratório, 142
    B   Respostas dos exercícios numéricos, 146

Referências Bibliográficas, 149

Índice, 150

CAPÍTULO 1

RESUMO DA HISTÓRIA DA ELETRICIDADE

O estudo e o desenvolvimento de aplicações para a Eletricidade têm, na prática, 200 anos, porém seus fenômenos acompanham o homem há muito mais tempo.

As propriedades do **âmbar** eram conhecidas na Grécia antiga (*Tales*, filósofo e matemático grego). Essa substância, chamada pelos gregos de *elektron*, atraía, quando friccionada, grãos de poeira e pequenos pedaços de materiais leves, tais como madeira e papel.

Há, também, registros de que os gregos encontraram, na Ásia Menor, um certo tipo de rocha que tinha o poder de atrair e reter pequenos pedaços de ferro. Essa rocha era um minério de ferro que posteriormente recebeu o nome de *magnetita*, em homenagem ao pastor grego *Magnes*, que a observou. O poder de atração dessa rocha foi chamado de *magnetismo*.

Passaram-se muitos séculos sem que se entendessem as razões desses fenômenos eletrostáticos e magnéticos.

Em 1600, o médico inglês William Gilbert publicou sua obra *De Magnete*, na qual relatou as propriedades de atração do âmbar e do ímã. Utilizou, pela primeira vez na história, as palavras *eletricidade* e *eletrização* para se referir a esse fenômeno especial.

Em 1660, na Alemanha, Otto von Guericke inventou uma "máquina eletrostática" que, em um globo de vidro, era capaz de gerar cargas elétricas por fricção e atrair pequenos corpos leves.

As máquinas eletrostáticas não tinham fins práticos, mas possibilitaram a descoberta de importantes propriedades da Eletricidade. Em 1729, o cientista inglês Stephen Gray fez a distinção entre os materiais condutores e os não-condutores de eletricidade. Um ano depois, o francês Charles Francis C. Dufay descobriu que a eletricidade produzida por fricção podia ser de duas classes, que posteriormente foram denominadas eletricidade positiva e eletricidade negativa.

Na Universidade de Leyden (Holanda), foi inventado, em 1744, um dispositivo chamado *garrafa de Leyden*, que era uma máquina eletrostática mais eficiente na sua capacidade de armazenar e descarregar cargas elétricas. Benjamin Franklin (Estados Unidos) carregou uma garrafa de Leyden utilizando pipas durante tempestades e constatou que os raios são uma forma de eletricidade. Esta descoberta de Franklin possibilitou a invenção dos primeiros pára-raios.

No século XVIII, acreditava-se que a eletrização dos corpos era devida à existência de um fluido elétrico. Se um corpo tivesse mais do que certa quantidade desse fluido, dizia-se que tinha carga positiva; senão, sua carga era considerada negativa. Com base nessa teoria, Franklin estabeleceu, por volta de 1750, as terminologias utilizadas para eletricidade positiva e eletricidade negativa, assim como as propriedades de atração e repulsão entre corpos carregados.

Em 1780, o italiano Luigi Galvani, professor de Anatomia, observou que as pernas de um sapo morto, que se encontrava sobre uma placa metálica, sofriam uma contração quando tocadas com um bisturi. Ele atribuiu o fato à descarga elétrica, mas a explicação do fenômeno iria demorar mais alguns anos. Coube a Alessandro Volta, professor e cientista italiano: ocorre uma reação química quando dois metais diferentes (a placa e o bisturi) ficam em contato com uma solução ácida (encontrada no próprio tecido das pernas do sapo). Devido a essa reação química, origina-se uma corrente elétrica que causa a contração das pernas do sapo. Com estas conclusões, Volta construiu a primeira pilha, em 1796, utilizando discos de cobre e zinco, separados por um material que continha uma solução ácida. Após a descoberta de Volta, foram construídas diversas pilhas, as quais eram capazes de fornecer corrente de modo contínuo e praticamente inalterado.

Em 1820, Hans Christian Oersted, físico dinamarquês, descobriu por acaso que uma corrente elétrica fluindo em um fio metálico era capaz de alterar a direção da agulha de uma bússola. A experiência foi repetida por outros cientistas e logo se estabeleceu o elo essencial entre a eletricidade e o magnetismo.

Em 1831, o cientista inglês Michael Faraday descobriu que, se um condutor se movimentasse no campo magnético de um ímã, uma força eletromotriz era induzida nos terminais do condutor; este é o princípio de funcionamento dos geradores de eletricidade.

Em 1833, os físicos alemães Wilhelm Weber e Karl F. Gauss desenvolveram um telégrafo eletromagnético, invento que posteriormente recebeu contribuição e foi aperfeiçoado por outros cientistas, como Werner von Siemens e Samuel F. B. Morse.

Nos anos seguintes, vários tipos de máquinas e motores elétricos foram desenvolvidos, porém para funcionamento com corrente contínua, à qual as pessoas estavam mais acostumadas.

O sistema de comunicação utilizado era a telegrafia, que se desenvolvia paralelamente. Em 1875, Alexander Graham Bell inventou o telefone.

Em 1880, vários projetos de lâmpadas para iluminação haviam sido desenvolvidos, porém a lâmpada elétrica de Thomas Alva Edison era a mais eficiente. Funcionava pelo aquecimento, até a incandescência, de um filamento percorrido por corrente elétrica. Em 1882, Edison projetou e construiu as primeiras usinas geradoras: uma em Londres e duas nos Estados Unidos. Ambas eram de pequeno porte e forneciam eletricidade em corrente contínua.

Em 1886, George Westinghouse construiu usinas geradoras que forneciam eletricidade em corrente alternada. Logo foram descobertas vantagens de se utilizar esse tipo de corrente para transmitir eletricidade, relativamente à corrente contínua. Seguiu-se grande desenvolvimento de aparelhos e equipamentos elétricos que utilizavam a eletricidade.

Na atualidade, a eletricidade se tornou uma indispensável forma de energia para o homem: iluminação, aquecimento, comunicação, acionamento de vários tipos de aparelhos de uso doméstico. Na indústria, movimenta máquinas que executam variados tipos de tarefas. Sofisticados circuitos eletrônicos permitem o rápido processamento de programas de computadores, a partir dos quais se obtêm, por exemplo, usinagem de peças com precisão, robôs executando montagens variadas, máquinas processando exames médicos e até o controle em diversos tipos de cirurgias.

CAPÍTULO 2

ELETRICIDADE ESTÁTICA

2.1 A ESTRUTURA DA MATÉRIA

Matéria é a designação do que constitui todos os corpos e ocupa lugar no espaço. Cada tipo de matéria é uma **substância**. A divisão sucessiva de uma substância em partículas menores conduz à menor porção da matéria que ainda conserva as características originais da substância: é a **molécula**. Qualquer divisão posterior da molécula produz substâncias diferentes.

A molécula é constituída de partículas de dimensões muito pequenas, denominadas **átomos**. Os átomos, por sua vez, são constituídos de partículas elementares, sendo as principais os **prótons**, os **nêutrons** e os **elétrons**. Os prótons e os nêutrons se encontram aglomerados na parte central do átomo, chamada de **núcleo**. Ao redor do núcleo, movimentam-se os elétrons, como mostra a Figura 2.1.

O diâmetro de um átomo vale aproximadamente 10^{-10} m, enquanto seu núcleo tem um diâmetro de 10^{-15} m. Para se ter uma idéia dessas dimensões, basta dizer que alguns milhões de átomos em fila ocupariam a cabeça de um alfinete.

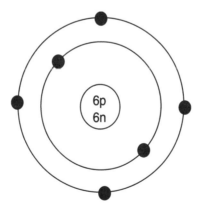

Figura 2.1 Átomo de carbono (seis prótons, seis nêutrons e seis elétrons).

2.2 CARGA ELÉTRICA

Experiências realizadas em laboratórios mostram que elétrons e prótons interagem, isto é, exercem forças entre si: os prótons se repelem, o mesmo acontecendo com os elétrons. Entretanto, entre um próton e um elétron há atração mútua.

Para explicar a causa dessas interações, associa-se aos prótons uma propriedade física denominada **carga elétrica**. Convencionou-se que a carga do próton é **positiva**, e a do elétron, **negativa**. As cargas do próton e do elétron têm o mesmo valor absoluto. Os nêutrons não têm carga elétrica, porque não exercem ações elétricas entre si.

2.3 ATRAÇÃO E REPULSÃO ENTRE CORPOS CARREGADOS

A estrutura do átomo é mantida por forças de atração entre o núcleo e seus elétrons. O núcleo atrai com menor força os elétrons das órbitas mais externas. Em certos materiais, a interação entre tais elétrons e os núcleos dos respectivos átomos é suficientemente fraca, de modo que não é difícil forçar esses elétrons a deixarem os átomos.

Os elétrons forçados a deixar suas órbitas criam uma falta de elétrons nos átomos de onde saem e produzem excesso de elétrons nos pontos em que vierem a se fixar.

Um material com deficiência de elétrons está carregado positivamente; um material que apresenta excesso de elétrons está carregado negativamente.

Quando cargas elétricas não estão em movimento, o efeito produzido por elas é conhecido como **eletricidade estática**.

Os corpos carregados de eletricidade estática se comportam de modo similar às partículas do átomo: se um corpo com carga positiva é colocado próximo de outro carregado negativamente, eles se atrairão mutuamente. Quando os corpos possuírem o mesmo tipo de carga e forem aproximados, haverá repulsão entre eles.

2.4 CAMPO ELÉTRICO

Os corpos carregados possuem um campo de força responsável pelos efeitos de atração e repulsão entre eles. Esse campo de força é conhecido como **campo elétrico**. O campo elétrico é comumente representado por linhas imaginárias em torno do corpo carregado, conhecidas como **linhas de força eletrostáticas**.

Figura 2.2 Linhas de força do campo elétrico em uma carga positiva e em uma carga negativa.

As linhas de força do campo elétrico têm as seguintes propriedades:

- sempre "saem" da carga positiva;
- sempre "chegam" na carga negativa;
- não se cruzam, mas se deformam, quando aproximadas de outras linhas de força;
- são invisíveis e só podem ser percebidas pelos efeitos que produzem.

Isto explica o fenômeno da atração e repulsão entre as cargas.

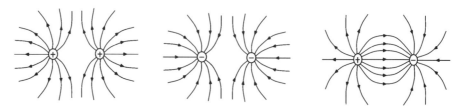

Figura 2.3 Deformação das linhas de força devido à aproximação de corpos carregados.

2.5 ELETRIZAÇÃO

O ato de fazer com que um corpo adquira carga elétrica é conhecido como **eletrização**.

Um **corpo neutro** não tem carga elétrica, porque possui o mesmo número de prótons e de elétrons.

2.5.1 Eletrização por Atrito

Quando dois corpos neutros são atritados entre si, haverá movimento de elétrons. Uma série denominada série **triboelétrica** indica o sinal da carga após a fricção: o material que ocupar a posição superior da série é o que perderá elétrons, eletrizando-se positivamente:

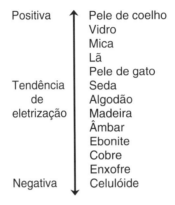

Figura 2.4 Série triboelétrica.

Exemplo: atritando-se vidro com algodão, o vidro, que está em uma posição superior na série, perderá elétrons, que serão recebidos pelo algodão. Então, o vidro fica com carga positiva, e o algodão, com carga negativa.

2.5.2 Eletrização por Contato

Quando dois corpos com cargas elétricas diferentes são colocados em contato, eles trocam cargas elétricas. Na ilustração da Figura 2.5, o bastão carregado positivamente recebe elétrons da barra inicialmente neutra. A barra fica carregada positivamente e a carga do bastão continua positiva, porém menor que antes.

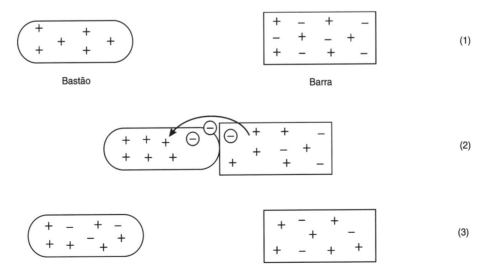

Figura 2.5 Eletrização por contato.

2.5.3 Eletrização por Indução

Um corpo que contém carga elétrica, ao ser aproximado de outro corpo neutro, sem tocá-lo, separa as cargas deste último. No exemplo da Figura 2.6, a barra **A**, com carga positiva, ao ser aproximada da barra **B**, neutra, atrai as cargas negativas de **B**. Assim, uma parte de **B** fica carregada negativamente, e a outra parte, mais afastada de **A**, fica carregada com carga positiva.

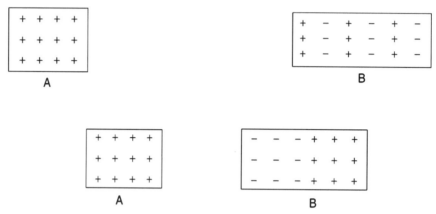

Figura 2.6 Eletrização por indução.

2.5.4 Descarga de Cargas Elétricas

Quando dois corpos com cargas elétricas elevadas forem aproximados, os elétrons poderão "pular" do corpo com carga negativa para aquele carregado positivamente antes mesmo de os dois entrarem em contato. Nesse caso, será observada uma centelha ou arco. Essas transferências de elétrons são chamadas de **descarga**.

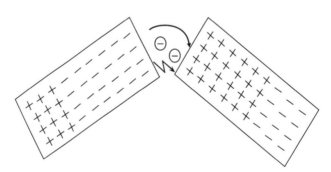

Figura 2.7 Descarga.

O raio é um exemplo de descarga estática, gerada pelo atrito entre uma nuvem e o ar que a cerca.

2.6 EXERCÍCIOS PROPOSTOS

1. Complete: Um material com deficiência de elétrons está carregado _____. Um material com excesso de elétrons possui carga _____.

2. O que é um corpo neutro?

3. A figura mostra um pêndulo eletrostático ou eletroscópio de fio. Esse equipamento é constituído de uma esfera leve e pequena, suspensa por um fio flexível, que está preso ao suporte. Explique detalhadamente o que acontece quando um corpo carregado é aproximado da esfera neutra.

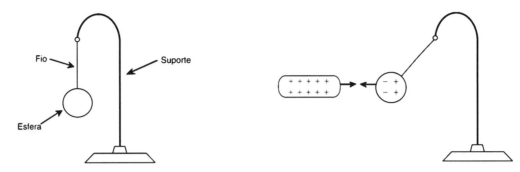

Figura EP 2.1

CAPÍTULO 3

CORRENTE ELÉTRICA E LEI DE OHM

3.1 MATERIAIS CONDUTORES E MATERIAIS ISOLANTES

A força de atração entre o núcleo e os elétrons das órbitas mais externas de determinados átomos é muito fraca. Esses elétrons podem ser facilmente libertados dos átomos, e por isto são chamados de **elétrons livres**.

Um material **condutor** possui elétrons livres em grande quantidade, gastando-se pouca energia para colocá-los em movimento. A qualidade de um condutor é avaliada em função do número de elétrons livres que podem ser deslocados, para uma dada energia fornecida.

São exemplos de materiais condutores: ouro, prata, cobre, alumínio, zinco, ferro etc. Em sua maioria, os metais comuns são relativamente bons condutores. O carvão também é um bom condutor.

Os materiais que têm um número muito pequeno de elétrons livres são os **isolantes**. Nesses materiais, é necessário gastar muito mais energia para libertar os elétrons de suas órbitas externas nos átomos.

Vidro, mica, papel, madeira, plásticos, cerâmicas são exemplos de isolantes de boa qualidade.

Os isolantes são tão importantes quanto os condutores, pois impedem o fluxo de elétrons onde este não é desejado.

3.2 CORRENTE ELÉTRICA

Considere a pilha da Figura 3.1, em cujos terminais foi ligado um fio condutor. O pólo positivo da pilha estabelece um campo elétrico capaz de atrair elétrons livres da extremidade do fio a que está ligado; ao mesmo tempo, o pólo negativo gera um campo elétrico que repele elétrons na outra extremidade do fio.

No interior do condutor, o campo elétrico força os elétrons a se movimentarem. Os elétrons se deslocam de átomo para átomo; ao avançar para o átomo vizinho, o elétron repele e substitui outro elétron ali. Os elétrons substituídos repetem o processo em outros átomos próximos, estabelecendo um fluxo de elétrons através de todo o condutor, na direção do pólo positivo da pilha.

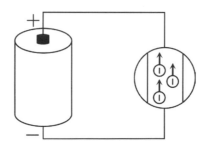

Figura 3.1 Elétrons se movimentando no condutor ligado aos pólos de uma pilha.

O movimento dos elétrons no condutor será contínuo, enquanto o fio condutor permanecer ligado aos terminais da pilha. A esse fluxo orientado de elétrons livres, sob a ação de um campo elétrico, dá-se o nome de **corrente elétrica**.

3.3 INTENSIDADE DA CORRENTE ELÉTRICA

No Sistema Internacional, a carga elétrica é medida em *coulomb* (C). Um coulomb corresponde à falta ou ao excesso de 6,28 · 10^{18} elétrons.

Denomina-se **intensidade da corrente elétrica** a quantidade de carga que atravessa a seção transversal de um condutor por unidade de tempo:

$$I = \frac{q}{t} \qquad (3.1)$$

onde:
I: intensidade da corrente elétrica
q: carga elétrica
t: tempo

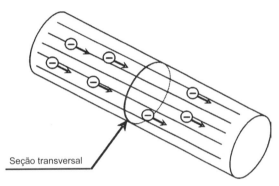

Figura 3.2 Seção transversal de um condutor.

A unidade de medida da intensidade da corrente elétrica é o *ampère* (A), que é definido como a passagem de 1 coulomb por segundo na seção transversal do condutor. Então, uma corrente de intensidade 1 A corresponde ao fluxo de 6,28 · 10^{18} elétrons por segundo através da seção do condutor.

3.4 DIFERENÇA DE POTENCIAL E FORÇA ELETROMOTRIZ

Para se obter ou manter a corrente elétrica fluindo em um condutor, é necessário ligar o condutor entre **dois pontos** capazes de **transferir energia** para os elétrons. Daí, sob a ação de um campo elétrico, os elétrons se movimentam entre esses dois pontos.

Quando dois pontos têm essa capacidade, diz-se que entre eles há uma **diferença de potencial (d.d.p.)**. Assim, a d.d.p. é o agente capaz de produzir o movimento de elétrons em um circuito fechado.

Quando um equipamento *é capaz de realizar trabalho para causar o movimento dos elétrons*, tal como faz a pilha, diz-se que ele dispõe de uma **força eletromotriz (f.e.m.)**.

A unidade de medida da força eletromotriz é o *volt* (V). A d.d.p. também é medida em volts, sendo chamada também de **tensão** ou **voltagem** entre dois pontos.

3.5 SENTIDO DA CORRENTE ELÉTRICA

Por volta de 1830, descobriu-se que a corrente elétrica era o resultado do movimento de determinadas partículas constituintes da matéria que percorriam os condutores, e foi estabelecido um sentido para a mesma. Posteriormente, descobriu-se que eram os elétrons que produziam os efeitos atribuídos àquelas partículas (J. J. Thomson, 1897). Entretanto, o sentido de movimento dos elétrons não era o mesmo que se havia convencionado para a corrente elétrica. Não houve acordo entre os cientistas quanto a mudar o sentido da corrente até então adotado.

Então, quando o sentido da corrente elétrica é considerado igual ao do movimento dos elétrons, diz-se que seu sentido é **eletrônico** ou **real**. Quando se admite que o sentido da corrente é oposto ao do movimento dos elétrons, fala-se em sentido **convencional**.

3.6 RESISTÊNCIA ELÉTRICA

Uma diferença de potencial estabelece o movimento de elétrons através de um material. No entanto, o fluxo de elétrons cessa quando a d.d.p. é retirada. Existe então no material algo que **oferece resistência** ao movimento dos elétrons.

Em outras palavras, no material há uma **oposição à passagem da corrente elétrica**, dependendo da quantidade de elétrons livres de que ele dispõe em sua estrutura.

Nos materiais condutores, existe pouca oposição à passagem da corrente elétrica; nos materiais isolantes, a oposição à corrente é considerável. Essa oposição é chamada de **resistência elétrica** e sua unidade de medida é o *ohm* (Ω).

A resistência elétrica de qualquer material depende dos seguintes fatores:

- **A natureza do material**: cada tipo de material tem uma constituição diferente quanto à organização dos átomos em sua estrutura. Assim, um fio de cobre e um fio de níquel-cromo têm resistências diferentes, mesmo que apresentem as mesmas características geométricas. Para levar em conta esse fator, associa-se a cada tipo de material um parâmetro denominado *resistividade*.
- **A área de seção transversal**: a corrente elétrica pode ser comparada ao fluxo de água em um cano: se o cano for mais grosso, a água poderá fluir com maior facilidade, mantida a pressão. A resistência de um material diminui quando a área de sua seção aumenta. Portanto, a resistência é inversamente proporcional à área de seção transversal do material, como ilustra a Figura 3.3.

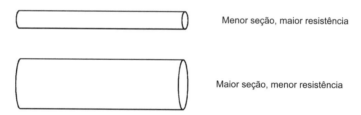

Figura 3.3 Resistência em função da seção transversal de um condutor.

- **O comprimento**: em um certo material com área de seção transversal constante, a resistência total é diretamente proporcional ao seu comprimento, como ilustra a Figura 3.4.

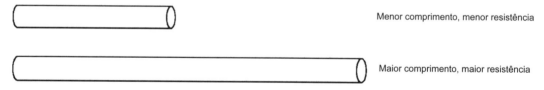

Figura 3.4 Resistência em função do comprimento do condutor.

- **A temperatura**: os efeitos da temperatura são geralmente pequenos em comparação com os outros fatores mencionados. Entretanto, a variação da temperatura altera a energia disponível na estrutura do material. Nos metais, por exemplo, o aumento da energia tende a dificultar o movimento ordenado dos elétrons livres, de átomo para átomo.

Então, a relação entre a resistência elétrica e os principais fatores com os quais ela se relaciona é:

$$R = \rho \frac{\ell}{A}, \qquad (3.2)$$

sendo:
R: resistência elétrica, em Ω;
ρ: resistividade, em $\Omega \cdot m$;
ℓ: comprimento, em metros (m);
A: área de seção transversal, em m^2.

3.7 A LEI DE OHM

George Simon Ohm estudou a relação entre a tensão (d.d.p.), a intensidade da corrente elétrica e a resistência elétrica e observou que:

> *A intensidade da corrente elétrica é diretamente proporcional à diferença de potencial a que está submetido o condutor e inversamente proporcional à resistência elétrica deste condutor.*

Esse estudo de Ohm, datado de 1827, posteriormente passou a ser conhecido como *lei de Ohm* e é expresso em forma de equação:

$$V = R \cdot I \quad (3.3a)$$

$$I = \frac{V}{R} \quad (3.3b)$$

$$R = \frac{V}{I}, \quad (3.3c)$$

em que:
V: diferença de potencial, tensão ou força eletromotriz, em volts (V);
R: resistência elétrica, em ohms (Ω);
I: intensidade da corrente elétrica, em ampères (A).

3.8 TIPOS DE CORRENTE ELÉTRICA

Há dois tipos de corrente elétrica: a **corrente contínua** (CC) e a **corrente alternada** (CA).

A **corrente contínua** se caracteriza por manter o seu valor constante enquanto o tempo decorre. A corrente contínua sai sempre do mesmo terminal da fonte. A Figura 3.5 mostra um gráfico desse tipo de corrente.

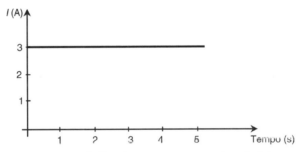

Figura 3.5 Gráfico de uma corrente contínua de 3 A.

Na corrente alternada, seu valor e sentido variam periodicamente no decorrer do tempo. A corrente alternada sai ora de um, ora de outro terminal da fonte. Um gráfico representativo é mostrado na Figura 3.6.

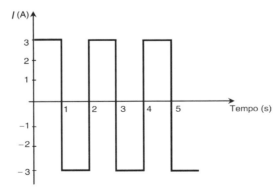

Figura 3.6 Corrente alternada de 3 A.

A corrente elétrica tem a mesma natureza da fonte que a gerou. Assim, uma fonte de tensão contínua gera uma corrente contínua, e uma corrente alternada provém de uma fonte de tensão alternada.

3.9 MODELAMENTO DE UM CIRCUITO ELÉTRICO

Circuito elétrico é o caminho eletricamente completo, pelo qual circula ou pode circular uma corrente elétrica, quando se mantém uma d.d.p. em seus terminais.

Para análise e estudo de um circuito elétrico, é necessário obter o **modelo dos equipamentos elétricos que nele estão ligados**.

O modelo deve ser capaz de traduzir o funcionamento do equipamento elétrico ligado no circuito elétrico. Exemplo: uma lâmpada é representada por uma resistência acompanhada por seu respectivo valor numérico. O modelo da lâmpada, no circuito elétrico, é denominado **resistor**. Outros componentes modelados por resistores: chuveiros elétricos e aquecedores.

Fonte de tensão: é o elemento do circuito elétrico que fornece uma tensão definida.

A Figura 3.7 mostra a representação gráfica de um circuito que contém um resistor e uma fonte de tensão. As linhas que ligam a fonte aos terminais do resistor representam o caminho para a circulação da corrente elétrica; as linhas não devem ser interrompidas, pois, para que haja corrente elétrica, o circuito deve ser fechado. A corrente está representada em sentido convencional.

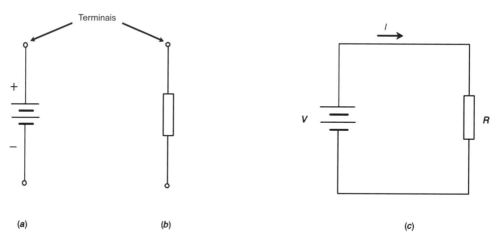

Figura 3.7 Representação gráfica dos elementos de um circuito elétrico: (*a*) fonte de tensão contínua, com indicação dos terminais positivo e negativo; (*b*) resistor; (*c*) circuito elétrico completo.

3.10 MÚLTIPLOS E SUBMÚLTIPLOS DAS UNIDADES DE MEDIDAS ELÉTRICAS

As medidas expressas em Eletricidade podem empregar múltiplos ou submúltiplos das unidades principais, conforme for sua magnitude. Por exemplo, 2.000.000 Ω e 0,00005 A são quantidades mais apropriadamente expressas como 2 MΩ e 50 μA, respectivamente.

Os múltiplos e submúltiplos mais utilizados são os seguintes:

	Prefixo	Símbolo	Fator multiplicador
Múltiplos	mega	M	1.000.000 ou 10^6
	quilo	k	1.000 ou 10^3
Submúltiplos	mili	m	0,001 ou 10^{-3}
	micro	μ	0,000 001 ou 10^{-6}

Exemplos: 1 MΩ = 1.000.000 Ω
2 kV = 2000 V
0,05 V = 50 mV
0,00065 A = 650 μA

3.11 EXERCÍCIOS RESOLVIDOS

1. Um chuveiro elétrico de resistência 6 Ω está submetido a uma d.d.p. de 120 V. Qual é a intensidade da corrente elétrica que flui pelo chuveiro?

   Solução:

   $$R = 6\ \Omega$$

   $$V = 120\ V$$

   $$I = ?$$

   $$\boxed{V = R \cdot I} \tag{3.3a}$$

   $$120 = 6 \cdot I$$

   $$I = \frac{120}{6}$$

   $$\boxed{I = 20\ A}$$

2. Um aquecedor elétrico tem resistência de 15 Ω e solicita uma corrente de intensidade 16 A. A que tensão esse aquecedor está ligado?

   Solução:

   $$R = 15\ \Omega$$

   $$I = 16\ A$$

   $$V = ?$$

   $$\boxed{V = R \cdot I}$$

   $$V = 15 \cdot 16$$

   $$\boxed{V = 240\ V}$$

3. Qual o valor do resistor no circuito elétrico representado na ilustração?

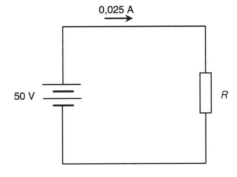

   Solução:

   $$V = 50\ V$$

   $$I = 0{,}025\ A$$

   $$R = ?$$

$$V = R \cdot I$$

$$50 = R \cdot 0{,}025$$

$$R = 2000\ \Omega \quad \text{ou} \quad R = 2\ k\Omega$$

3.12 EXERCÍCIOS PROPOSTOS

1. Explique o que são elétrons livres e de que modo eles se movimentam no interior de um condutor.
2. Que propriedades devem apresentar dois pontos, para que em um condutor ligado neles possa fluir uma corrente elétrica?
3. Explique o que é resistência elétrica e caracterize os materiais condutores e isolantes quanto à sua resistência elétrica.
4. Para cada grupo de condutores de cobre desenhados a seguir, indique qual é o que tem a maior e a menor resistência elétrica, explicando o porquê.
   (a) As barras têm o mesmo comprimento:

   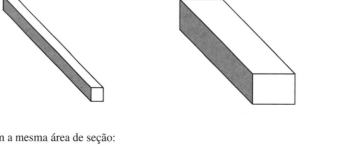

   (b) Os condutores têm a mesma área de seção:

5. Um equipamento elétrico tem resistência de 8,9 Ω e solicita uma corrente de intensidade 9 A. A que tensão está ligado esse equipamento?
6. Um chuveiro é ligado em 127 V e solicita uma corrente de intensidade 26 A. Determine o valor da resistência desse chuveiro e esboce o circuito equivalente, atribuindo à corrente o sentido convencional.
7. Determine a tensão no seguinte circuito elétrico:

   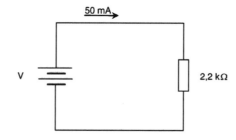

8. O Exercício 7 teria uma solução diferente se à corrente tivesse sido atribuído o sentido real? Explique.

Trabalho, Potência e Energia Elétrica

4.1 TRABALHO ELÉTRICO

A definição física de trabalho é:

$$Trabalho = Força \times Deslocamento$$

Quando os elétrons livres estão em movimento, sob a ação de uma força eletromotriz, o *trabalho elétrico* realizado sobre eles é dado por:

$$W = V \cdot q, \tag{4.1}$$

sendo:
W: trabalho elétrico, em *joules* (J);
V: força eletromotriz ou tensão, em *volts* (V);
q: carga elétrica, em *coulombs* (C).

Da definição de corrente elétrica, temos:

$$I = \frac{q}{t} \tag{3.1}$$

ou

$$q = I \cdot t \tag{3.1a}$$

Substituindo a Equação 3.1a na Equação 4.1, temos:

$$W = V \cdot I \cdot t \tag{4.2}$$

Como, pela lei de Ohm,

$$V = R \cdot I, \tag{3.3a}$$

temos também:

$$W = R \cdot I^2 \cdot t \tag{4.3}$$

4.2 ENERGIA ELÉTRICA

Energia é a capacidade de produzir trabalho. A energia tem a mesma unidade física de trabalho, o *joule* (J), e utilizam-se as mesmas equações para se calcular o trabalho realizado e a energia consumida.

A energia elétrica é transportada pela corrente elétrica. Essa energia proporciona o funcionamento dos equipamentos e aparelhos elétricos e eletrônicos utilizados pelo homem.

4.3 POTÊNCIA ELÉTRICA

Potência é a rapidez com que se gasta energia, ou a rapidez com que se produz trabalho. Sob a forma de equação:

$$P = \frac{W}{t} \tag{4.4}$$

sendo:

P: potência, em *watts* (W);
W: trabalho, em *joules* (J);
t: tempo, em *segundos* (s).

Substituindo a Equação 4.2 na Equação 4.4, temos:

$$P = V \cdot I \tag{4.5}$$

Substituindo a Equação 3.3 na Equação 4.5, obtemos:

$$P = R \cdot I^2 \tag{4.6}$$

e ainda, considerando a equação

$$I = \frac{V}{R} \tag{3.3b}$$

temos:

$$P = \frac{V^2}{R} \tag{4.7}$$

A unidade física de potência no Sistema Internacional, o *watt* (W), é igual a 1 joule por segundo. Portanto, é a potência envolvida quando se realiza o trabalho de 1 joule a cada segundo. Para ilustrar, a potência que se lê no bulbo de uma lâmpada (por exemplo, 100 W) indica a energia elétrica que é gasta na lâmpada a cada unidade de tempo.

Algumas unidades de potência comumente utilizadas são:

- o quilowatt: 1 kW = 1000 W
- o cv (cavalo-vapor): 1 cv = 736 W

Para energia, empregam-se também:

- o watt-hora: 1 Wh = 3600 J
- o quilowatt-hora: 1 kWh = $3,6 \cdot 10^6$ J

A partir da equação da potência, pode-se também calcular a energia, fazendo-se:

$$E = P \cdot t, \tag{4.8}$$

sendo:

E: energia;
P: potência;
t: tempo.

4.4 EFEITO JOULE

No estudo dos circuitos elétricos, observou-se que os condutores se aquecem quando por eles flui uma corrente elétrica. Por volta de 1840, James Prescott Joule estabeleceu experimentalmente que a energia elétrica absorvida por um condutor é integralmente transformada em calor. Por esta razão, esse fenômeno é chamado de **efeito Joule**.

O efeito Joule pode ser explicado através do choque entre os elétrons quando se movimentam para originar uma corrente elétrica. Nesses choques, os elétrons transferem energia para os átomos, que passam a vibrar mais. Isto causa uma elevação da temperatura do condutor.

O efeito Joule ocorre em todos os equipamentos elétricos que podem ser modelados por resistores. Os resistores transformam em calor toda a energia elétrica recebida.

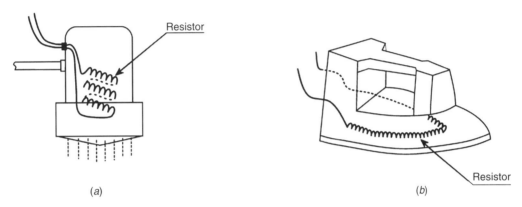

Figura 4.1 Equipamentos que funcionam baseados no efeito Joule: (*a*) chuveiro; (*b*) ferro de passar.

Nas linhas de transmissão de energia elétrica, o efeito Joule é indesejável, porque o aquecimento dos condutores constitui uma perda de energia elétrica. Mas há vários casos em que o efeito Joule é útil, como, por exemplo:

- **em aquecedores**: um aquecedor elétrico contém um condutor especial, que se aquece por efeito Joule e transfere seu calor para o ambiente. Em um chuveiro elétrico, o calor gerado é transferido para a água. Outros exemplos são: ferro de passar, estufa etc.
- **em lâmpadas incandescentes**: esse tipo de lâmpada é fabricado com um fio de tungstênio que é chamado de *filamento*. Quando uma corrente elétrica suficiente circula pelo filamento, este se aquece e atinge uma temperatura da ordem de 3000 °C. O filamento torna-se, então, incandescente e passa a emitir luz. Embora gere calor, o efeito desejado é obter luminosidade. Para evitar a oxidação instantânea em contato com o ar, o filamento é colocado dentro de um bulbo de vidro que contém um gás inerte (argônio ou criptônio), que aumenta a durabilidade da lâmpada.
- **em fusíveis**: fusíveis são dispositivos de proteção que interrompem um circuito quando atravessados por correntes elétricas excessivas. Um fio de chumbo ou estanho, denominado *elo fusível*, é colocado a fim de que a corrente, ao atravessá-lo, o aqueça. Quanto maior a corrente, maior o aquecimento. Se for superada a corrente especificada no fusível, o aquecimento leva à fusão do elo, interrompendo o circuito.

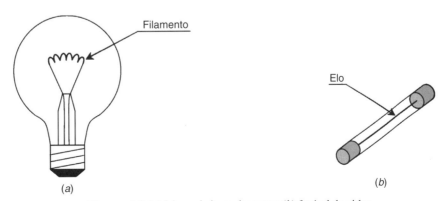

Figura 4.2 (*a*) Lâmpada incandescente; (*b*) fusível de vidro.

18 Capítulo Quatro

4.5 EXERCÍCIOS RESOLVIDOS

1. Um aquecedor é ligado em 127 V e solicita uma corrente de 18 A. Qual é a potência dissipada por este aquecedor?

Solução:

$$V = 127 \text{ V}$$

$$I = 18 \text{ A}$$

$$P = ?$$

$$P = V \cdot I \tag{4.5}$$

$$P = 127 \cdot 18$$

$$P = 2286 \text{ W}$$

2. Em um resistor de 10 Ω flui uma corrente de 0,5 A. Calcule: (a) a potência dissipada; (b) a energia consumida em 10 s.

Solução:

$$R = 10 \text{ } \Omega$$

$$I = 0,5 \text{ A}$$

$$P = ?$$

$$T = 10 \text{ s}$$

$$W = ?$$

(a)

$$P = R \cdot I^2 \tag{4.6}$$

$$P = 10 \cdot (0,5)^2$$

$$P = 10 \cdot 0,25$$

$$P = 2,5 \text{ W}$$

(b)

$$E = P \cdot t \tag{4.8}$$

$$E = 2,5 \cdot 10$$

$$E = 25 \text{ J}$$

3. Um aquecedor de potência 3 kW é utilizado 20 minutos por dia. Determine a energia total consumida em um mês, em kWh.

Solução:

$$P = 3 \text{ kW}$$

$$t = 20 \text{ min por dia} = 1/3 \text{ de hora por dia} = 1/3 \cdot 30 = 10 \text{ horas por mês}$$

$$E = ?$$

$$E = P \cdot t$$

$$E = 3 \text{ kW} \cdot 10 \text{ h}$$

$$E = 30 \text{ kWh}$$

4. Em um resistor se lê: 10 Ω – 5 W. Esse resistor pode ser ligado a uma fonte de tensão de 20 V? Explique.

Solução:

A potência especificada nos resistores é a máxima que ele pode dissipar ou converter em calor – neste caso, 5 W. Para cada valor de tensão a que se submete um resistor, ele dissipará um determinado valor de potência. Então, para $V = 20$ V e $R = 10$ Ω (considera-se que o valor da resistência do resistor não se modifica):

$$P = \frac{V^2}{R} = \frac{20^2}{10}$$

$$P = 40 \text{ W}$$

Esta potência é muito superior à máxima que o resistor pode converter em calor; então, o resistor se danificará por dissipação excessiva de potência.

5. Uma lâmpada incandescente possui as seguintes especificações em seu bulbo: 127 V – 60 W. Pede-se: (a) a resistência da lâmpada; (b) a corrente nominal da lâmpada; (c) a corrente solicitada quando a lâmpada é ligada em 110 V; (d) a potência dissipada pela lâmpada nas condições do item (c); (e) a lâmpada pode ser ligada a 220 V? Explique.

Solução:

(a) A resistência da lâmpada deve ser calculada levando-se em conta as suas especificações, que são seus valores nominais. Quando a lâmpada é ligada, sua resistência se modifica com o aquecimento do filamento.

$$V = 127 \text{ V}$$

$$P = 60 \text{ W}$$

$$R = ?$$

$$P = \frac{V^2}{R}$$

$$60 = \frac{127^2}{R}$$

$$60 \, R = 16129$$

$$R = 268,8 \text{ Ω}$$

(b) A corrente nominal é aquela que a lâmpada solicita quando ligada à tensão nominal; somente nessa condição é que a lâmpada dissipará a potência nominal.

$$V_{nom} = 127 \text{ V}$$

$$P_{nom} = 60 \text{ W}$$

$$I_{nom} = ?$$

$$P = V \cdot I$$

$$60 = 127 \cdot I$$

$$I = 0,472 \text{ A}$$

(c) Para simplificar, considere que a resistência da lâmpada não se modificou:

$$V = 110 \text{ V}$$

$$R = 268,8 \text{ Ω}$$

$$I = ?$$

$$V = R \cdot I$$

$$110 = 268,8 \cdot I$$

$$I = 0,409 \text{ A}$$

(d)

$$V = 110 \text{ V}$$

$$I = 0,409 \text{ A}$$

$$P = ?$$

$$P = V \cdot I$$

$$P = 110 \cdot 0,409$$

$$P = 45,0 \text{ W}$$

(e)

$$V = 220 \text{ V}$$

$$R = 268,8 \ \Omega$$

$$P = ?$$

$$P = \frac{V^2}{R}$$

$$P = \frac{220^2}{268,8}$$

$$P = 180 \text{ W}$$

Esta potência é várias vezes superior à nominal. Se a lâmpada for ligada nessa condição, irá queimar-se logo, devido à excessiva dissipação de potência em forma de calor que romperá o filamento. Uma vez que o filamento se rompe, a lâmpada não mais funcionará.

4.6 EXERCÍCIOS PROPOSTOS

1. Como se manifesta o efeito Joule e como ele pode ser explicado?

2. Um resistor de 25 Ω está ligado a uma fonte de tensão de 20 V. (a) Qual é a potência dissipada pelo resistor? (b) Qual é a energia, em joules, consumida em uma hora?

3. Um chuveiro elétrico consome potência de 6000 W, quando ligado à tensão de 220 V. Qual é a intensidade da corrente elétrica que flui pelo chuveiro?

4. Um equipamento elétrico, ligado a uma fonte de 60 V, solicita uma corrente de 2 A. Calcule a energia elétrica, em kWh, consumida em 3 h.

5. Um fio usado em um aquecedor elétrico tem resistência de 58 Ω. Determine: (a) a energia elétrica consumida em 30 s, sabendo que se solicita uma corrente de intensidade 2 A; (b) a tensão da fonte à qual o aquecedor está ligado.

6. Que tensão deve ser aplicada a um aquecedor de 1 kW, para que solicite uma corrente de 8 A? Determine, também, a resistência elétrica desse aquecedor.

7. A potência requerida para fazer funcionar um equipamento de som é 35 W. Se esse equipamento é usado 3 horas por dia, que energia elétrica será consumida em um mês, em kWh?

8. Um resistor de 5 Ω pode dissipar até 20 W de potência sem se danificar. Que tensão máxima pode ser aplicada neste resistor e, nesta condição, qual a corrente elétrica que flui por ele?

9. Uma lâmpada incandescente é especificada para 40 W – 127 V. Pede-se: (a) a resistência da lâmpada; (b) a corrente nominal da lâmpada; (c) a potência dissipada quando a lâmpada é ligada em 110 V; (d) repetir o item (c), se a lâmpada for ligada em 140 V; (e) esta lâmpada pode ser ligada a 240 V? Justifique.

Circuitos de Corrente Contínua com Resistores Associados em Série e em Paralelo

5.1 ASSOCIAÇÕES DE RESISTORES

Tem-se uma associação de resistores quando há dois ou mais deles conectados ao circuito elétrico considerado.

Chama-se **resistor equivalente** ao resistor que substitui qualquer associação desses componentes, produzindo o mesmo efeito que todos os resistores do circuito, quando todo o conjunto deles for considerado.

Neste capítulo, serão abordados dois tipos de associações de resistores: a associação em série e a associação em paralelo.

5.1.1 Associação em Série de Resistores

Dois ou mais resistores estão associados **em série** quando ligados **um em seguida ao outro**, como mostra a Figura 5.1.

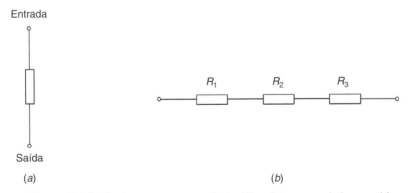

Figura 5.1 (*a*) Resistor com seus terminais; (*b*) resistores associados em série.

Neste caso, o terminal de saída de um resistor está ligado ao terminal de entrada de outro resistor e somente a este.

Na prática, os dois terminais de um resistor são idênticos, não fazendo diferença qual seja o de entrada e qual o de saída.

5.1.2 Associação de Resistores em Paralelo

Dois ou mais resistores estão associados em paralelo quando seus terminais de entrada estão ligados em um ponto comum, e seus terminais de saída em outro ponto comum, conforme se vê na Figura 5.2.

Figura 5.2 Resistores associados em paralelo.

Na Figura 5.2, as duas associações são equivalentes; na figura da direita, os pontos ligados por fios sem resistência apresentam a mesma situação elétrica e não descaracterizam a associação. Esta representação pode ser usada sempre que se desejar melhorar a visualização do circuito.

No estudo dos circuitos elétricos que contenham dois ou mais resistores, cada um deles será identificado com um **índice subscrito**, para diferenciá-lo dos demais. A corrente e a tensão correspondentes a esse resistor terão os mesmos subscritos, como se vê na Figura 5.3: ao resistor R_1 corresponderá a corrente I_1 e a tensão V_1; ao resistor R_2, a corrente I_2 e a tensão V_2.

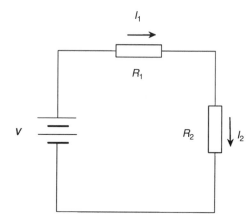

Figura 5.3 Convenção a ser adotada para os componentes dos circuitos com dois ou mais resistores. As correntes serão representadas usando-se o sentido **convencional**.

5.2 PROPRIEDADES DA ASSOCIAÇÃO EM SÉRIE DE RESISTORES

Considere o circuito da Figura 5.4.

5.2.1 Quando se liga uma fonte de tensão a resistores associados em série, a corrente que circula por eles é a mesma em qualquer ponto do circuito, porque só há um caminho pelo qual a corrente pode fluir. Neste caso:

$$I_1 = I_2 = I_3 \tag{5.1}$$

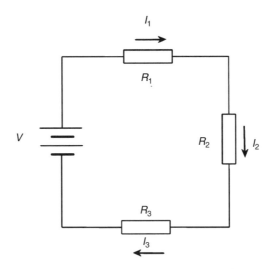

Figura 5.4 Resistores associados em série.

5.2.2 De acordo com a lei de Ohm, cada resistor ficará submetido a uma d.d.p.:

$$V_1 = R_1 \cdot I_1 \quad (5.2a)$$

$$V_2 = R_2 \cdot I_2 \quad (5.2b)$$

$$V_3 = R_3 \cdot I_3 \quad (5.2c)$$

5.2.3 A soma das tensões nos resistores é igual à força eletromotriz da fonte:

$$V = V_1 + V_2 + V_3 \quad (5.3)$$

5.2.4 Para a fonte, tudo se passa como se houvesse um único resistor no circuito solicitando corrente. Se esse resistor é o resistor equivalente R_{eq}:

$$V = R_{eq} \cdot I \quad (5.4)$$

Considerando as Equações 5.2 e 5.3, temos:

$$R_{eq} \cdot I = R_1 \cdot I_1 + R_2 \cdot I_2 + R_3 \cdot I_3$$

Como $I = I_1 = I_2 = I_3$,

$$R_{eq} \cdot I = (R_1 + R_2 + R_3) \cdot I$$

$$R_{eq} = R_1 + R_2 + R_3 \quad (5.5),$$

isto é, o resistor equivalente de uma associação em série é igual à **soma** dos resistores associados, sendo, portanto, maior que qualquer um dos resistores da associação.

5.3 PROPRIEDADES DOS RESISTORES ASSOCIADOS EM PARALELO

Considere o circuito da Figura 5.5.

5.3.1 Todos os resistores associados são submetidos à mesma tensão V da fonte:

$$V_1 = V_2 = V_3 = V \quad (5.6)$$

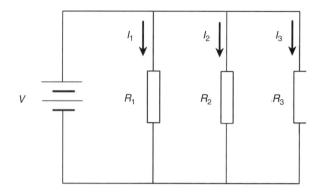

Figura 5.5 Resistores associados em paralelo.

5.3.2 A corrente I fornecida pela fonte se divide pelos resistores associados, de modo que:

$$I = I_1 + I_2 + I_3 \tag{5.7}$$

5.3.3 Da lei de Ohm, segue o cálculo das correntes individuais nos resistores:

$$I_1 = \frac{V}{R_1} \tag{5.8a}$$

$$I_2 = \frac{V}{R_2} \tag{5.8b}$$

$$I_3 = \frac{V}{R_3} \tag{5.8c}$$

5.3.4 O resistor equivalente da associação, submetido à tensão V, será percorrido pela corrente total I; pela lei de Ohm:

$$I = \frac{V}{R_{eq}} \tag{5.9}$$

Combinando as Equações 5.7 e 5.8, temos:

$$\frac{V}{R_{eq}} = \frac{V}{R_1} + \frac{V}{R_2} + \frac{V}{R_3}$$

Disso decorre, após simplificarmos as equações:

$$\frac{1}{R_{eq}} = \frac{1}{R_1} + \frac{1}{R_2} + \frac{1}{R_3} \tag{5.10}$$

que é a expressão para se calcular o resistor equivalente R_{eq}. O resistor R_{eq} será, neste caso, menor que qualquer um dos que fazem parte da associação.

Para o caso específico de haverem somente dois resistores associados em paralelo,

$$\frac{1}{R_{eq}} = \frac{1}{R_1} + \frac{1}{R_2}$$

$$\frac{1}{R_{eq}} = \frac{R_2 + R_1}{R_1 \cdot R_2}$$

$$R_{eq} = \frac{R_1 \cdot R_2}{R_1 + R_2}, \tag{5.11}$$

que é a **regra do produto dividido pela soma**.

5.4 CIRCUITO ABERTO

É quando se impede totalmente a passagem da corrente elétrica através do circuito. É o mesmo que conectar ao circuito um resistor de valor infinitamente grande, o que representa oposição total à passagem da corrente elétrica.

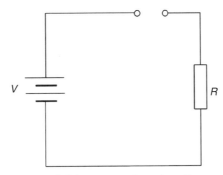

Figura 5.6 Circuito aberto: não fluirá corrente pelo resistor R, porque o circuito está aberto.

5.5 CURTO-CIRCUITO

É a ligação intencional ou acidental entre dois ou mais pontos de um circuito, estando ou não sob d.d.p., através de um fio de resistência desprezível.

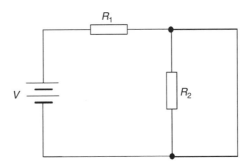

Figura 5.7 O resistor R_2 está curto-circuitado.

Quando o circuito estiver energizado, um curto-circuito pode causar uma grande elevação da corrente que flui pela fiação.

5.6 O DIVISOR DE TENSÃO RESISTIVO

Resistores associados em série formam um divisor de tensão resistivo. Considerando a Figura 5.8, é possível calcularmos as tensões nos resistores fazendo:

$$I = I_1$$
$$\frac{V}{R_{eq}} = \frac{V_1}{R_1},$$

sendo $R_{eq} = R_1 + R_2 + R_3$

$$V_1 = \frac{R_1}{R_{eq}} \cdot V \qquad (5.12a)$$

$I = I_2$ etc.

$$V_2 = \frac{R_2}{R_{eq}} \cdot V \qquad (5.12b)$$

$$V_3 = \frac{R_3}{R_{eq}} \cdot V \qquad (5.12c)$$

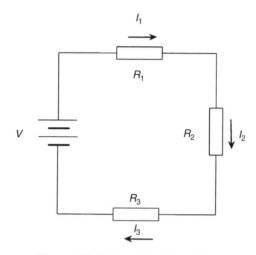

Figura 5.8 Divisor de tensão resistivo.

5.7 EXERCÍCIOS RESOLVIDOS

1. Para o circuito a seguir: (a) determine o resistor equivalente; (b) determine as tensões e as correntes em todos os resistores. Dados: $V = 6$ V; $R_1 = 10\ \Omega$; $R_2 = 20\ \Omega$; $R_3 = 30\ \Omega$.

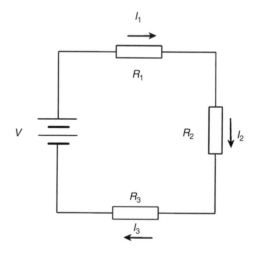

Solução:

O resistor equivalente de uma associação em série é:

$$R_{eq} = R_1 + R_2 + R_3$$

$$R_{eq} = 10 + 20 + 30$$

$$\boxed{R_{eq} = 60\ \Omega}$$

Como só são conhecidos os valores dos resistores, não é possível determinar qualquer tensão ou corrente individual nos mesmos. Com o resistor equivalente, obtém-se a corrente I fornecida pela fonte.

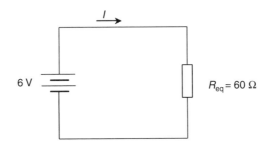

$$I = \frac{V}{R_{eq}} = \frac{6}{60}$$

$$I = 0{,}1 \text{ A}$$

Quando resistores estão associados em série, a corrente fornecida pela fonte é igual àquela que flui em cada um deles. Então,

$$I = I_1 = I_2 = I_3 = 0{,}1 \text{ A}$$

Quanto às tensões:

$$V_1 = R_1 \cdot I_1$$
$$V_1 = 10 \cdot 0{,}1 = 1 \text{ V}$$
$$V_2 = R_2 \cdot I_2$$
$$V_2 = 20 \cdot 0{,}1 = 2 \text{ V}$$
$$V_3 = R_3 \cdot I_3$$
$$V_3 = 30 \cdot 0{,}1 = 3 \text{ V}$$

Conferindo, a soma das tensões nos resistores é igual à força eletromotriz da fonte:

$$V = V_1 + V_2 + V_3$$
$$V = 1 + 2 + 3 = 6 \text{ V}$$

2. No circuito ilustrado a seguir: (a) Qual é a tensão no resistor R_1? (b) Qual a potência dissipada no resistor R_2? (c) Qual a potência fornecida pela fonte ao circuito?

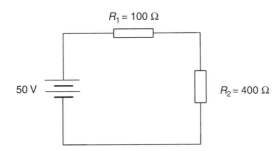

Solução:

$$R_{eq} = R_1 + R_2$$
$$R_{eq} = 100 + 400 = 500 \text{ }\Omega$$

Sem utilizar correntes, é possível calcular as tensões pela regra do divisor de tensão resistivo:

$$V_1 = \frac{R_1}{R_{eq}} \cdot V$$
$$V_1 = \frac{100}{500} \cdot 50 = 10 \text{ V}$$

$$V_2 = \frac{R_2}{R_{eq}} \cdot V$$

$$V_2 = \frac{400}{500} \cdot 50 = 40 \text{ V}$$

$$P_1 = \frac{V_1^2}{R_1} = \frac{10^2}{100} = 1 \text{ W}$$

$$P_2 = \frac{V_2^2}{R_2} = \frac{40^2}{400} = \boxed{4 \text{ W}}$$

$$P = P_1 + P_2$$

$$P = 1 + 4 = \boxed{5 \text{ W}}$$

3. Sabendo-se que a tensão no resistor R_1 é 3 V, qual é a tensão aplicada pela fonte?

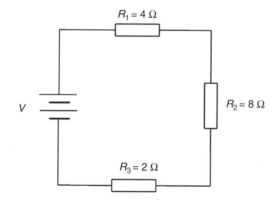

Solução:

$$R_{eq} = R_1 + R_2 + R_3$$

$$R_{eq} = 4 + 8 + 2 = \boxed{14 \text{ }\Omega}$$

$$I_1 = \frac{V_1}{R_1} = \frac{3}{4} = 0{,}75 \text{ A}$$

$$I = I_1 = I_2 = I_3$$

$$\boxed{I = 0{,}75 \text{ A}}$$

$$\boxed{V = R_{eq} \cdot I}$$

$$V = 14 \cdot 0{,}75$$

$$\boxed{V = 10{,}5 \text{ V}}$$

4. No circuito a seguir, calcule; (a) o resistor equivalente; (b) a tensão e a corrente em todos os resistores; (c) a corrente fornecida pela fonte.

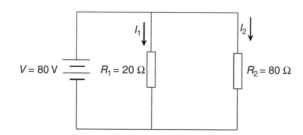

Solução:

(a)

$$\frac{1}{R_{eq}} = \frac{1}{R_1} + \frac{1}{R_2}$$

$$\frac{1}{R_{eq}} = \frac{1}{20} + \frac{1}{80}$$

$$\frac{1}{R_{eq}} = \frac{4+1}{80}$$

$$5 R_{eq} = 80$$

$$R_{eq} = 16 \, \Omega$$

Neste caso, pode-se também fazer:

$$R_{eq} = \frac{R_1 \cdot R_2}{R_1 + R_2}$$

$$R_{eq} = \frac{20 \cdot 80}{20 + 80} = 16 \, \Omega$$

(b)
Quando resistores são associados em paralelo com a fonte, a tensão é a mesma, tanto neles quanto na fonte. Então,

$$V = V_1 = V_2 = 80 \text{ V}$$

Para se obterem as correntes, emprega-se a lei de Ohm:

$$I_1 = \frac{V_1}{R_1} = \frac{80}{20} = 4 \text{ A}$$

$$I_2 = \frac{V_2}{R_2} = \frac{80}{80} = 1 \text{ A}$$

(c)
A corrente fornecida pela fonte:

$$I = I_1 + I_2$$

$$I = 4 + 1 = 5 \text{ A}$$

5. No circuito elétrico a seguir, obtenha as tensões e as correntes em todos os resistores:

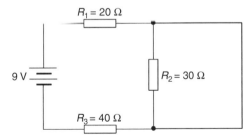

Solução

A corrente que fluiria pelo resistor R_2 será totalmente desviada pelo fio que o curto-circuita e o circuito se comportará como se esse resistor não estivesse presente. Então,

$$V_2 = \text{zero}$$

$$I_2 = \text{zero}$$

$$R_{eq} = R_1 + R_3$$

$$R_{eq} = 20 + 40 = 60 \, \Omega$$

$$I = \frac{V}{R_{eq}} = \frac{9}{60} = 0{,}15 \text{ A}$$

$$I_1 = I_3 = 0{,}15\,\text{A}$$
$$V_1 = R_1 \cdot I_1$$
$$V_1 = 20 \cdot 0{,}15 = \boxed{3\,\text{V}}$$
$$V_3 = R_3 \cdot I_3$$
$$V_3 = 40 \cdot 0{,}15 = \boxed{6\,\text{V}}$$

5.8 EXERCÍCIOS PROPOSTOS

1. Para os circuitos a seguir, determine: (a) o resistor equivalente; (b) as tensões e correntes em todos os resistores; (c) a corrente e a potência fornecidas pela fonte.

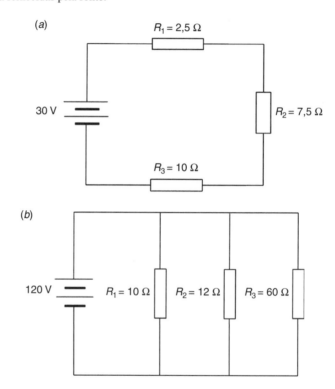

2. Em qual resistor flui a maior corrente e qual é o seu valor?

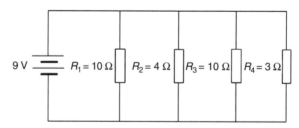

3. Qual resistor tem a maior tensão?

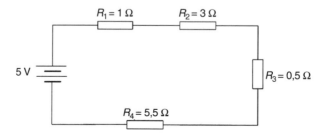

4. Calcule a corrente e a tensão em todos os resistores quando R_A for curto-circuitado.

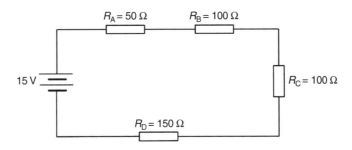

5. Qual a tensão V na fonte?

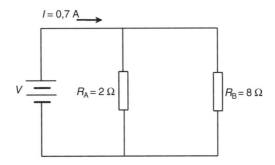

6. No circuito a seguir, a tensão no resistor R_1 é 18 V. (a) Qual é a tensão V aplicada pela fonte? (b) Qual é a potência dissipada pelo resistor R_2? (c) Qual a potência fornecida pela fonte?

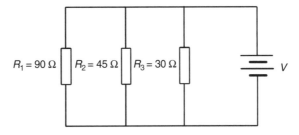

7. Uma árvore de Natal possui lâmpadas especificadas para 3 V. A tensão fornecida pela rede elétrica é 120 V. (a) Qual é o número de lâmpadas e de que maneira elas devem ser ligadas para que cada uma receba a tensão especificada? (b) O que acontecerá se, nas condições do item (a), uma das lâmpadas queimar?

CAPÍTULO 6

CIRCUITOS DE CORRENTE CONTÍNUA CONTENDO ASSOCIAÇÕES MISTAS DE RESISTORES

6.1 ASSOCIAÇÕES MISTAS DE RESISTORES

São aquelas que contêm resistores associados em série, em paralelo e/ou de modo diverso:

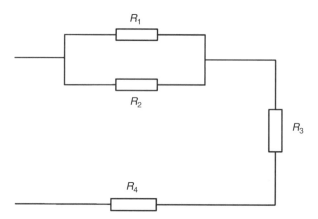

Figura 6.1 Exemplo de associação mista de resistores.

Para se determinar o **resistor equivalente** nesse tipo de associação deve-se fazer o seguinte:

- identificar os resistores que estejam de fato associados em série;
- identificar os resistores associados em paralelo;
- determinar os resistores equivalentes das associações em série e em paralelo e redesenhar o circuito, substituindo as associações em série e em paralelo por seus respectivos resistores equivalentes; ao se redesenhar o circuito, o circuito será simplificado e surgirão novas associações em série e/ou em paralelo;
- repetir esses passos até sobrar um único resistor, que será o *resistor equivalente do circuito*.

6.2 AS LEIS DE KIRCHHOFF

Em 1854, Gustav Robert Kirchhoff, físico alemão nascido na Rússia, publicou um trabalho sobre circuitos elétricos, cujas conclusões passaram a ser conhecidas como **leis de Kirchhoff**. Essas leis facilitam a resolução de circuitos que contenham associações mistas de resistores. Antes de utilizá-las, é preciso estabelecer alguns conceitos.

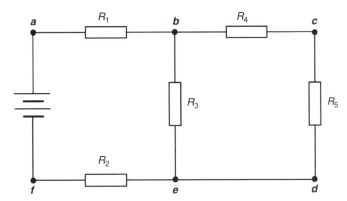

Figura 6.2 Circuito contendo associação mista de resistores.

Considere a Figura 6.2.
Nó: é qualquer ponto do circuito no qual concorrem três ou mais condutores. No circuito da Figura 6.2 há dois nós: *b* e *e*.
Ramo: é qualquer trecho do circuito compreendido entre dois nós consecutivos. No circuito exemplificado, há três ramos: *b-e*, *b-c-d-e* e *b-a-f-e*.
Malha: é qualquer circuito fechado, formado por ramos. No circuito considerado, há três malhas: *a-b-e-f-a*, *a-b-c-d-e-f-a* e *b-c-d-e-b*.

A *1ª lei de Kirchhoff*, ou *lei dos nós*, ou *lei das Correntes* está ilustrada na Figura 6.3. Essa lei sustenta que:

> *A soma algébrica das correntes que chegam a um nó é igual à soma algébrica das correntes que saem desse nó.*

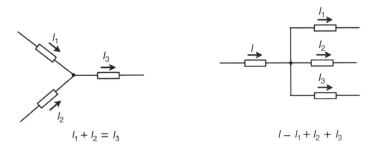

Figura 6.3 A 1ª lei de Kirchhoff.

A corrente convencional, partindo da fonte e se dividindo pelos nós, polariza com sinal positivo o "lado" do resistor por onde ela entra. Desta maneira, estabelecem-se as polaridades das tensões nos resistores, como mostra a Figura 6.4.

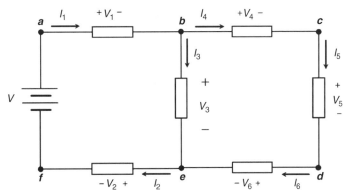

Figura 6.4 Polarização das tensões nos resistores pela corrente convencional.

A **2ª lei de Kirchhoff**, ou **lei das malhas**, diz o seguinte:

> *Percorrendo-se uma malha, em um mesmo sentido, a soma das tensões nos elementos de circuito encontrados é igual a zero.*

Para aplicar a 2ª lei de Kirchhoff, considera-se, para cada tensão, o primeiro sinal encontrado no sentido do percurso. No circuito da Figura 6.4, arbitra-se para a malha ***a-b-e-f-a*** o percurso no sentido horário. As equações resultantes são as seguintes:

$$-V + V_1 + V_3 + V_2 = 0$$

$$V = V_1 + V_3 + V_2$$

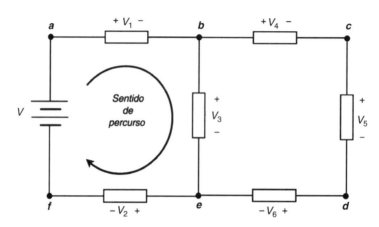

Figura 6.5 Ilustração da lei das malhas, arbitrando-se percurso no sentido horário.

E para as malhas ***a-b-c-d-e-f-a*** e ***b-c-d-e-b***, respectivamente:

$$-V + V_1 + V_4 + V_5 + V_6 + V_2 = 0$$

$$V = V_1 + V_4 + V_5 + V_6 + V_2$$

$$-V_3 + V_4 + V_5 + V_6 = 0$$

$$V_3 = V_4 + V_5 + V_6$$

A resolução de circuitos elétricos contendo associações mistas de resistores não tem uma regra padrão. Em geral, há mais de uma maneira de visualizar o problema e encontrar a solução. Uma seqüência mais adequada de procedimentos é obtida com a prática. Para se resolverem os circuitos de modo racional sugere-se a seguinte seqüência de etapas:

1. Enumerar de modo organizado as grandezas conhecidas e aquelas a serem calculadas;
2. Identificar os nós e as malhas do circuito;
3. Atribuir a cada ramo do circuito o sentido para as correntes e a polaridade das tensões nos resistores;
4. Escrever as equações de corrente para cada nó e as equações de tensões para cada malha, de acordo com as leis de Kirchhoff;
5. Utilizar, sempre que possível, as propriedades das associações em série e em paralelo e a lei de Ohm, para determinar tensões e correntes desconhecidas;
6. Escolher as equações convenientes dentre aquelas obtidas na 4ª etapa; cada equação só permite determinar uma incógnita, não sendo útil aquela que, após a substituição dos valores conhecidos, apresentar mais de um termo a ser determinado.

6.3 EXERCÍCIOS RESOLVIDOS

1. Determine o resistor equivalente entre os pontos **a** e **b** da seguinte associação:

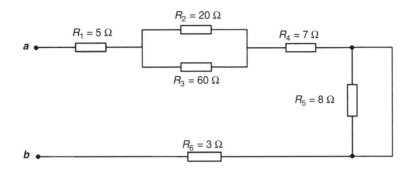

Solução:

O resistor R_5 está curto-circuitado, e por isto o circuito se comportará como se não estivesse presente.
O resistor equivalente a R_2 e R_3, que estão em paralelo, é:

$$R' = \frac{R_2 \cdot R_3}{R_2 + R_3} = \frac{20 \cdot 60}{20 + 60} = 15\,\Omega$$

Redesenhando o circuito, temos:

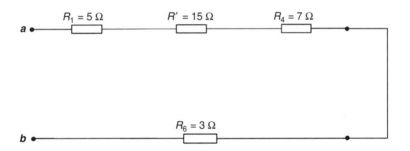

Resulta que todos os resistores estão em série. Então, o resistor equivalente é:

$$R_{eq} = R_1 + R' + R_4 + R_6$$

$$R_{eq} = 5 + 15 + 7 + 3 = \boxed{30\,\Omega}$$

2. Para o circuito a seguir, determine as correntes incógnitas:

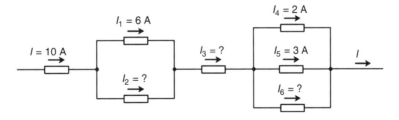

Solução:

Em primeiro lugar, identificam-se os nós e se escrevem as suas respectivas equações das correntes:

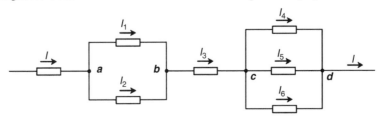

nó a: $I = I_1 + I_2$

nó b: $I_1 + I_2 = I_3$

nó c: $I_3 = I_4 + I_5 + I_6$

nó d: $I_4 + I_5 + I_6 = I$

Substituindo os valores conhecidos temos:
Na equação do nó a:

$$10 = 6 + I_2$$
$$I_2 = 4\,\text{A}$$

Na equação do nó b:

$$6 + 4 = I_3$$
$$I_3 = 10\,\text{A}$$

Na equação do nó c:

$$10 = 2 + 3 + I_6$$
$$I_6 = 5\,\text{A}$$

3. No circuito a seguir: (a) determine a polaridade das tensões nos resistores; (b) escreva as equações das tensões em todas as malhas; (c) obtenha as tensões e as correntes em todos os resistores.

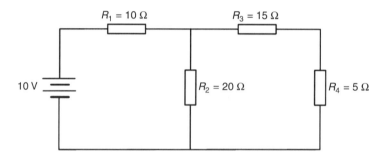

Solução:

A corrente parte da fonte e percorre o circuito, se dividindo pelos resistores e os polarizando como se vê adiante:

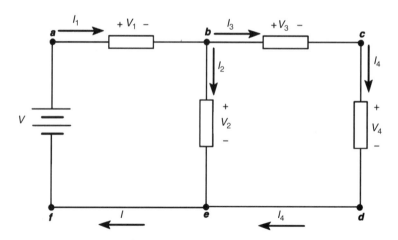

As equações das correntes nos nós são:

nó b: $I_1 = I_2 + I_3$

nó e: $I_2 + I_4 = I$

As equações das tensões nas malhas são:

malha **a-b-e-f-a**: $V = V_1 + V_2$

malha **a-b-c-d-e-f-a**: $V = V_1 + V_3 + V_4$

malha **b-c-d-e-b**: $V_2 = V_3 + V_4$

Quando há resistores em série com a fonte, a corrente que percorre esse resistor – neste caso, R_1 – é a mesma que sai da fonte.

Para se determinar a corrente fornecida pela fonte, deve-se conhecer o resistor equivalente do circuito:

R_3 em série com R_4:

$$R' = R_3 + R_4 = 15 + 5 = 20\ \Omega$$

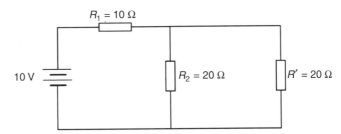

R' em paralelo com R_2:

$$R'' = \frac{R' \cdot R_2}{R' + R_2} = \frac{20 \cdot 20}{20 + 20} = 10\ \Omega$$

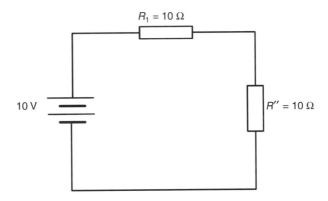

O resistor equivalente do circuito é R'' em série com R_1:

$$R_{eq} = R_1 + R'' = 20\ \Omega$$

Então, a corrente fornecida pela fonte é:

$$I = \frac{V}{R_{eq}} = \frac{10}{20} = 0{,}5\ \text{A}$$

Conseqüentemente:

$$I_1 = 0{,}5\ \text{A}$$
$$V_1 = R_1 \cdot I_1$$
$$V_1 = 10 \cdot 0{,}5 = 5\ \text{V}$$

A equação da malha **a-b-e-f-a**:

$$V = V_1 + V_2$$
$$10 = 5 + V_2$$
$$V_2 = 5\ \text{V}$$

A corrente no resistor R_2 é obtida pela lei de Ohm:

$$I_2 = \frac{V_2}{R_2} = \frac{5}{20} = 0,25 \text{ A}$$

A equação da corrente no nó **b**:

$$0,5 = 0,25 + I_3$$
$$I_3 = 0,25 \text{ A}$$

Com R_3 em série com R_4

$$I_4 = 0,25 \text{ A}$$

E, pela lei de Ohm:

$$V_3 = R_3 \cdot I_3$$
$$V_3 = 15 \cdot 0,25 = 3,75 \text{ V}$$
$$V_4 = R_4 \cdot I_4$$
$$V_4 = 5 \cdot 0,25 = 1,25 \text{ V}$$

4. **Circuitos com chaves**: chaves são dispositivos de manobra cuja finalidade é abrir ou fechar um determinado trecho de um circuito. Representação:

Chave aberta   Chave fechada

O efeito que a chave irá causar no circuito depende de como ela está ligada. Basicamente, quando a chave está **aberta**, ela impede a passagem da corrente elétrica pelo trecho em que ela está ligada. Quando uma chave está **fechada**, a corrente pode fluir livremente por esse trecho.

Quais serão as correntes e as tensões nos resistores: (a) Quando S_1 e S_2 estiverem abertas? (b) Quando S_1 e S_2 estiverem fechadas?

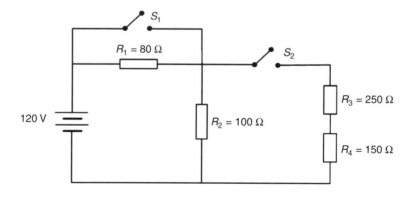

Solução:

(a) S_1 aberta permite a permanência de R_1 no circuito; S_2 aberta tira R_3 e R_4:

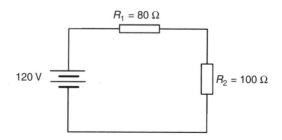

Resulta um circuito em série cuja solução é:

$$R_{eq} = R_1 + R_2$$

$$R_{eq} = 180\ \Omega$$

$$I = \frac{V}{R_{eq}} = \frac{120}{180} = 0{,}667\ \text{A}$$

$$I = I_1 = I_2 = 0{,}667\ \text{A}$$

$$V_1 = R_1 \cdot I_1$$

$$V_1 = 80 \cdot 0{,}667 = 53{,}33\ \text{V}$$

$$V_2 = R_2 \cdot I_2$$

$$V_2 = 100 \cdot 0{,}667 = 66{,}67\ \text{V}$$

(b) S_1 fechada retira R_1 do circuito e S_2 fechada conecta R_3 e R_4:

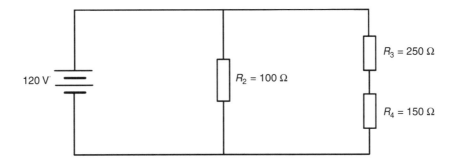

R_2 está em paralelo com a fonte, de modo que $V_2 = 120$ V

$$I_2 = \frac{V_2}{R_2} = \frac{120}{100} = 1{,}2\ \text{A}$$

Com o uso da malha externa, temos:

$$-V + V_3 + V_4 = 0$$

$$V = V_3 + V_4$$

R_3 está em série com R_4 e essa associação está submetida à tensão da fonte. Então,

$$R' = R_3 + R_4$$

$$R' = 250 + 150 = 400\ \Omega$$

$$I' = \frac{V'}{R'} = \frac{120}{400} = 0{,}3\ \text{A}$$

$$I_3 = I_4 = I' = 0{,}3\ \text{A}$$

$$V_3 = R_3 \cdot I_3$$

$$V_3 = 250 \cdot 0{,}3 = 75\ \text{V}$$

$$V_4 = R_4 \cdot I_4$$

$$V_4 = 150 \cdot 0{,}3 = 45\ \text{V}$$

6.4 EXERCÍCIOS PROPOSTOS

1. Obtenha o resistor equivalente entre os pontos **a** e **b** dos seguintes circuitos:

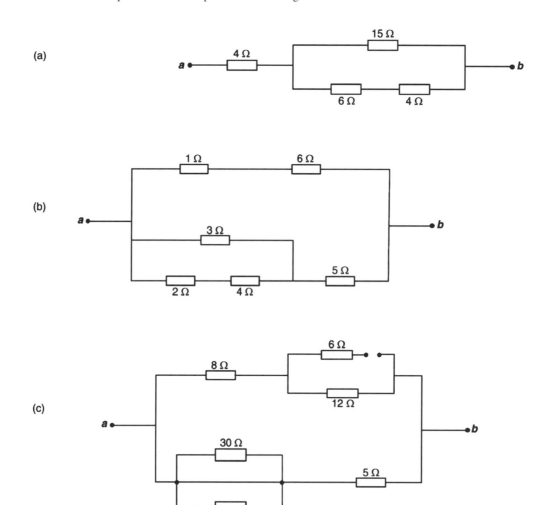

2. Determine as equações das correntes nos nós e calcule as correntes desconhecidas.

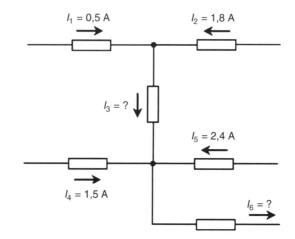

3. Determine as equações de tensão para todos os caminhos possíveis e calcule as tensões desconhecidas.

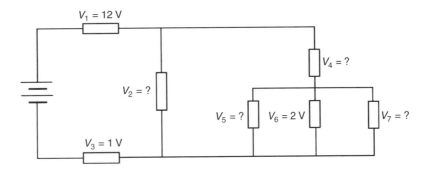

4. No circuito a seguir, são dados $I = 20$ A e $I_3 = 10$ A. Determine as demais correntes e tensões nos resistores.

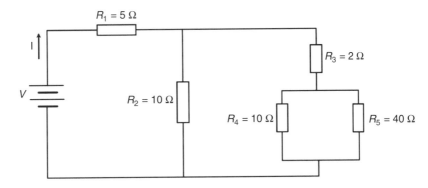

5. Determine as correntes e as tensões em todos os resistores do seguinte circuito:

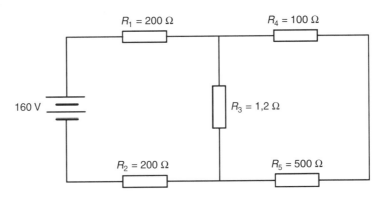

6. Se $I_5 = 2$ A, determine o valor da tensão aplicada V e a potência fornecida pela fonte:

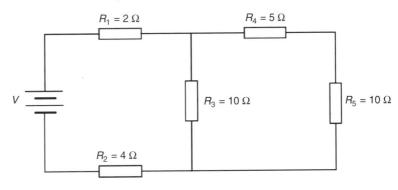

7. Se $V_7 = 20$ V, determine a tensão **V** aplicada pela fonte.

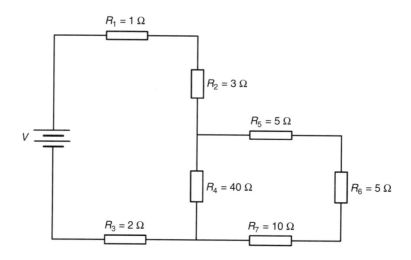

8. Calcule a corrente fornecida pela fonte: (a) quando a chave estiver aberta; (b) quando a chave estiver fechada.

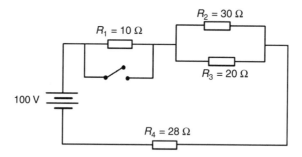

Capítulo 7

Circuitos de Corrente Contínua Contendo Várias Fontes de Tensão

7.1 O TEOREMA DA SUPERPOSIÇÃO

No circuito da Figura 7.1, há duas fontes aplicando tensão no circuito. O comportamento das correntes dependerá da contribuição que cada fonte dá ao circuito.

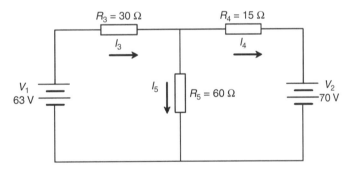

Figura 7.1 Circuito com duas fontes de tensão.

O **teorema da superposição** estabelece que, em qualquer circuito elétrico que contenha duas ou mais fontes de tensão, a corrente em qualquer ponto do circuito é a soma algébrica das correntes que cada fonte produz individualmente, como se as outras não estivessem presentes. Para se obter a corrente produzida por uma das fontes de tensão, deve-se substituir as demais por curto-circuitos.

Não estão sendo consideradas as resistências internas das fontes, e admite-se que o valor dos resistores se mantém constante para qualquer valor de corrente que flua por eles.

Para se considerar os efeitos produzidos pela fonte V_1 do circuito da Figura 7.1, a fonte V_2 é substituída por um curto-circuito. Os parâmetros do circuito são designados da forma mostrada na Figura 7.2.

As correntes do circuito da Figura 7.2 são obtidas fazendo-se:

$$R_{eq}' = R_3 + \frac{R_4 \cdot R_5}{R_4 + R_5} = 30 + \frac{15 \cdot 60}{15 + 60} = 30 + 12 = 42\,\Omega$$

$$I_1' = I_3' = \frac{V_1}{R_{eq}'} = \frac{63}{42} = \boxed{1,5\,A}$$

$$V_3' = R_3 \cdot I_3' = 30 \cdot 1,5 = 45\,V$$

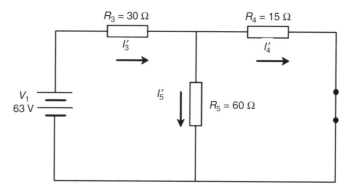

Figura 7.2 Contribuição da fonte de tensão V_1 ao circuito em estudo.

$$V_1 = V_3' + V_5'$$
$$63 = 45 + V_5'$$
$$V_5' = 18 \text{ V}$$
$$I_5' = \frac{V_5'}{R_5} = \frac{18}{60} = \boxed{0,3 \text{ A}}$$
$$I_3' = I_5' + I_4'$$
$$1,5 = 0,3 + I_4'$$
$$\boxed{I_4' = 1,2 \text{ A}}$$

Para se calcularem os efeitos da fonte de tensão V_2, V_1 é substituída por um curto-circuito e as correntes serão aquelas mostradas na Figura 7.3.

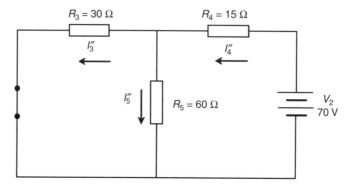

Figura 7.3 Contribuição da fonte de tensão V_2 ao circuito em estudo.

$$R_{eq}'' = R_4 + \frac{R_3 \cdot R_5}{R_3 + R_5} = 15 + \frac{30 \cdot 60}{30 + 60} = 15 + 20 = 35 \text{ } \Omega$$

$$I_4'' = I_2'' = \frac{V_2}{R_{eq}''} = \frac{70}{35} = \boxed{2 \text{ A}}$$

$$V_4'' = R_4 \cdot I_4'' = 15 \cdot 2 = 30 \text{ V}$$
$$V_5'' = V_2 - V_4''$$
$$V_5'' = 70 - 30 = 40 \text{ V}$$

$$I_5'' = \frac{V_5''}{R_5} = \frac{40}{60} = \boxed{0,667 \text{ A}}$$

$$I_4'' = I_3'' + I_5''$$
$$2 = I_3'' + 0{,}667$$
$$I_3'' = 1{,}333 \text{ A}$$

A soma algébrica das correntes correspondentes às contribuições das fontes V_1 e V_2 é mostrada na Figura 7.4.

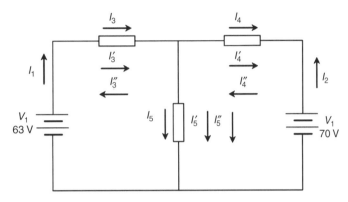

Figura 7.4 Contribuição da fonte de tensão V_2 ao circuito em estudo.

A sobreposição é obtida comparando-se o sentido original atribuído às correntes, na Figura 7.1, com as correntes obtidas da contribuição individual de cada fonte para o circuito:

$$I_3 = I_3' - I_3''$$
$$I_4 = I_4' - I_4''$$
$$I_5 = I_5' + I_5''$$

Neste caso,

$$I_1 = I_3$$
$$I_2 = -I_4$$

Então,

$$I_3 = 1{,}5 - 1{,}333 = 0{,}167 \text{ A}$$
$$I_4 = 1{,}2 - 2 = -0{,}8 \text{ A}$$
$$I_5 = 0{,}3 + 0{,}667 = 0{,}967 \text{ A}$$
$$I_1 = 0{,}167 \text{ A}$$
$$I_2 = 0{,}8 \text{ A}$$
$$V_3 = R_3 \cdot I_3 = 30 \cdot 0{,}167 = 5{,}0 \text{ V}$$
$$V_4 = R_4 \cdot I_4 = 15 \cdot (-0{,}8) = -12 \text{ V} \quad (I_4 \text{ tem sentido oposto ao adotado})$$
$$V_5 = R_5 \cdot I_5 = 60 \cdot 0{,}967 = 58 \text{ V}$$

7.2 O MÉTODO DAS CORRENTES DE MALHA

Este método consiste em aplicar a lei das malhas (1ª lei de Kirchhoff) para determinar as correntes no circuito elétrico considerado.

No circuito da Figura 7.5, são arbitradas as correntes I_A e I_B indicadas.

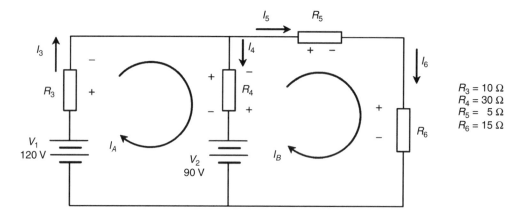

Figura 7.5 Circuito com duas fontes, a ser resolvido pelo método das correntes de malha. As correntes fictícias I_A e I_B polarizam os resistores em cada malha, conforme indicado.

As correntes nos resistores deverão ser relacionadas com as correntes fictícias I_A e I_B.

Essas correntes arbitrárias são determinadas, em primeiro lugar, com o emprego da lei das malhas. Em seguida, as correntes individuais nos resistores são obtidas por comparação ou superposição.

Então, o circuito da Figura 7.5 é resolvido conforme se segue:

- Aplicação da 1ª lei de Kirchhoff para a malha da esquerda da Figura 7.5:

$$-V_1 + V_3 + V_4 + V_2 = 0$$

$$-V_1 + R_3 \cdot I_A + R_4(I_A - I_B) + V_2 = 0$$

$$-120 + 10I_A + 30(I_A - I_B) + 90 = 0$$

$$10I_A + 30I_A - 30I_B = 120 - 90$$

$$40I_A - 30I_B = 30$$

$$\boxed{4I_A - 3I_B = 3} \qquad (I)$$

- Aplicação da 1ª lei de Kirchhoff para a malha da direita da Figura 7.5:

$$-V_2 + R_4 \cdot (I_B - I_A) + R_5 \cdot I_B + R_6 \cdot I_B = 0$$

$$-90 + 30 \cdot (I_B - I_A) + 5I_B + 15I_B = 0$$

$$30I_B - 30I_A + 5I_B + 15I_B = 90$$

$$-30I_A + 50I_B = 90$$

$$\boxed{-3I_A + 5I_B = 9} \qquad (II)$$

Tem-se, portanto, um sistema de duas equações simultâneas, cujas incógnitas, I_A e I_B, podem ser determinadas, por exemplo, pelo método da substituição:

Da equação (I) temos:

$$I_A = \frac{3 + 3I_B}{4}$$

$$\boxed{I_A = 0{,}75 + 0{,}75I_B} \qquad (III)$$

Substituindo (III) em (II) obtemos:

$$-3(0{,}75 + 0{,}75I_B) + 5I_B = 9$$

$$-2{,}25 - 2{,}25I_B + 5I_B = 9$$

$$2{,}75 I_B = 11{,}25$$

$$\boxed{I_B = 4{,}091 \text{ A}}$$

Voltando à equação (III) com o valor de I_A:

$$I_A = 0{,}75 + 0{,}75 \cdot 4{,}091$$

$$\boxed{I_A = 3{,}818 \text{ A}}$$

Na Figura 7.5, por comparação e superposição, tem-se:

$$I_3 = I_A$$

$$\boxed{I_3 = 3{,}818 \text{ A}}$$

$$I_4 = I_A - I_B$$

$$I_4 = 3{,}818 - 4{,}091 = \boxed{-0{,}273 \text{ A}} \qquad (I_4 \text{ tem polaridade oposta à adotada no início})$$

$$\boxed{I_5 = I_6 = I_B = 4{,}091 \text{ A}}$$

As tensões nos resistores:

$$V_3 = R_3 \cdot I_3$$

$$V_3 = 10 \cdot 3{,}818 = \boxed{38{,}18 \text{ V}}$$

$$V_4 = R_4 \cdot I_4$$

$$V_4 = 30 \cdot (-0{,}273) = \boxed{-8{,}19 \text{ V}}$$

$$V_5 = R_5 \cdot I_5$$

$$V_5 = 5 \cdot 4{,}091 = \boxed{20{,}46 \text{ V}}$$

$$V_6 = R_6 \cdot I_6$$

$$V_6 = 15 \cdot 4{,}091 = \boxed{61{,}37 \text{ V}}$$

7.3 EXERCÍCIOS PROPOSTOS

1. Determine, para os circuitos a seguir: (a) as correntes nos resistores; (b) as tensões nos resistores; (c) as potências consumidas nos resistores; (d) as potências supridas pelas fontes.

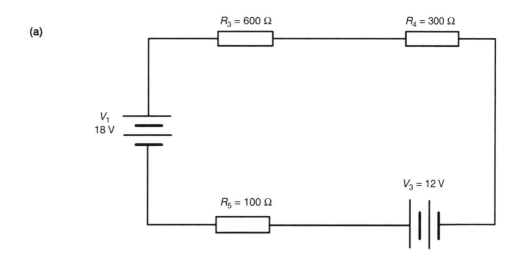

(b)

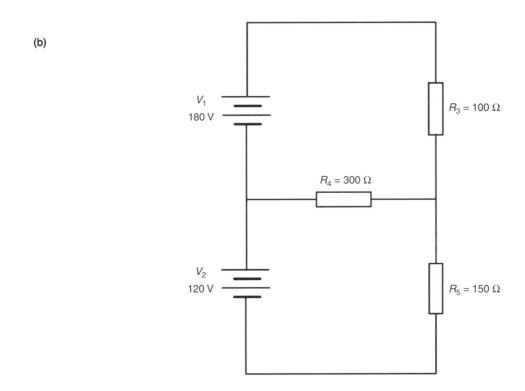

2. Utilizando o teorema da superposição, calcule a corrente no resistor de 6 Ω:

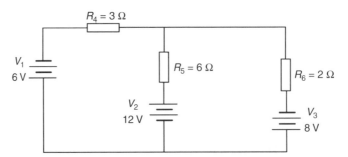

3. Utilizando o método das correntes de malha, obtenha a tensão e a corrente no resistor de 4 Ω:

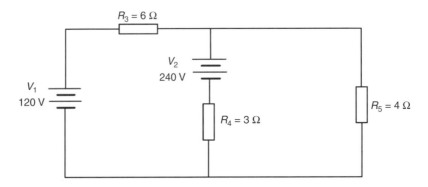

CAPÍTULO 8

OS TEOREMAS DE THÉVENIN E DE NORTON

8.1 FONTE DE CORRENTE

Uma fonte de corrente é um elemento de circuito elétrico que tem como propriedade particular a tendência a forçar uma corrente de valor constante em seus terminais.

Na Figura 8.1, é mostrada a representação gráfica da fonte de corrente. A seta indica o sentido da corrente, que pode ser arbitrada como convencional ou real. O circuito conectado aos terminais da fonte de corrente deve estabelecer um caminho fechado, pelo qual possa circular essa corrente. A fonte de corrente forçará a corrente I através do resistor R qualquer que seja o seu valor. Uma vez que I é fixada, o valor da tensão V é obtido pela lei de Ohm ($V = R \cdot I$, Equação 3.3a).

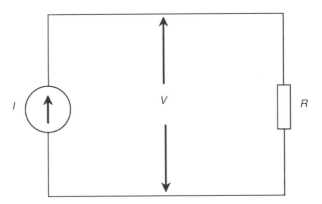

Figura 8.1 Fonte de corrente.

8.2 O TEOREMA DE THÉVENIN

Em 1883, Léon Charles Thévenin, engenheiro francês, publicou um trabalho que mais tarde veio a ser conhecido como **teorema de Thévenin**. Esse teorema estabelece que um circuito fechado, contendo resistências e fontes, pode ser visto por dois pontos quaisquer desse circuito e então substituído por um equivalente que contenha uma única fonte de tensão, com uma resistência em série. A tensão é chamada **tensão equivalente de Thévenin**, V_{Th}, e a resistência em série, **resistência de Thévenin**, R_{Th}.

Para se obter o circuito equivalente de Thévenin, faz-se o seguinte:

- determina-se a tensão V_{Th}, que é a tensão de circuito aberto nos dois pontos considerados do circuito;
- determina-se a resistência R_{Th}, que é a resistência vista dos pontos considerados para dentro do circuito; neste caso, é necessário substituir as fontes de tensão por curtos-circuitos, e as fontes de corrente, por circuitos abertos.

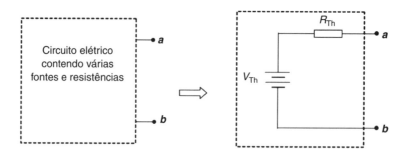

Figura 8.2 Representação do equivalente de Thévenin de um circuito elétrico.

8.3 O TEOREMA DE NORTON

Em 1926, o engenheiro norte-americano Edward L. Norton desenvolveu um trabalho que posteriormente passou a ser conhecido como **teorema de Norton**. Segundo esse trabalho, um circuito elétrico contendo resistências e fontes, visto por dois pontos quaisquer desse circuito, pode ser substituído por um equivalente que contenha uma única fonte de corrente, com uma resistência em paralelo. A corrente da fonte é a **corrente equivalente de Norton**, I_N, e a resistência paralela é igual à de Thévenin, R_{Th}.

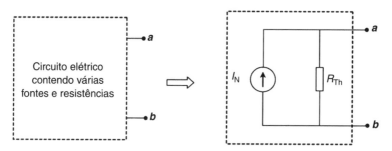

Figura 8.3 Representação do equivalente de Norton de um circuito elétrico.

A corrente de Norton indica a máxima corrente que pode fluir por um curto-circuito aplicado aos terminais *a* e *b*.

Para se obter o circuito equivalente de Norton de outro circuito que contenha resistência e fontes, procede-se da seguinte maneira:

- determina-se a corrente I_N, que é a corrente de curto-circuito nos dois pontos considerados;
- determina-se a resistência R_{Th}, do mesmo modo que para o equivalente de Thévenin.

Uma vez que dos terminais do mesmo circuito original tanto se pode obter o equivalente de Thévenin como o de Norton, é possível converter um equivalente em outro.

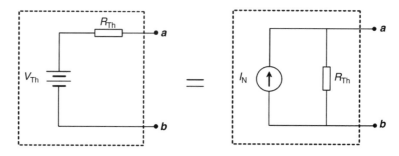

Figura 8.4 Equivalentes de Thévenin e de Norton para o mesmo circuito.

Então, para os equivalentes de Thévenin e de Norton do mesmo circuito, temos:

$$V_{Th} = R_{Th} \cdot I_N \qquad (8.1)$$

$$I_N = \frac{V_{Th}}{R_{Th}} \qquad (8.2)$$

8.4 EXERCÍCIOS RESOLVIDOS

1. Determine a corrente e a tensão no resistor de 12 Ω do seguinte circuito:

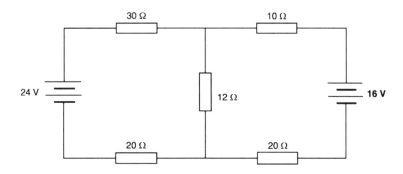

Solução:

A substituição do circuito original por um equivalente de Thévenin, em cujos terminais é conectado o resistor de 12 Ω, vem ao caso.

Para se obter V_{Th}, é necessário conhecer as tensões nas resistências, o que se faz obtendo-se a corrente do circuito em série resultante.

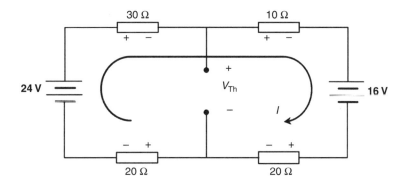

Aplicando-se a lei das malhas no sentido de percurso indicado, temos:

$$-24 + 30\,I + 10\,I + 16 + 20\,I + 20\,I = 0$$

$$80\,I = 24 - 16$$

$$I = 0{,}1 \text{ A}$$

Usando a malha esquerda do circuito, obtemos:

$$+20\,I - 24 + 30\,I + V_{Th} = 0$$

$$V_{Th} = 24 - (30 + 20)\,I$$

$$V_{Th} = 24 - 50 \cdot 0{,}1 = 24 - 5$$

$$V_{Th} = 19 \text{ V}$$

A determinação da resistência R_{Th}:

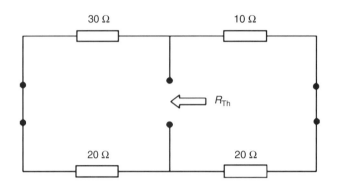

$$R' = 30 + 20 = 50 \, \Omega$$
$$R'' = 10 + 20 = 30 \, \Omega$$
$$R_{Th} = \frac{R' \cdot R''}{R' + R''} = \frac{50 \cdot 30}{50 + 30} = 18{,}75 \, \Omega$$

O circuito equivalente de Thévenin, incluindo o resistor de 12 Ω:

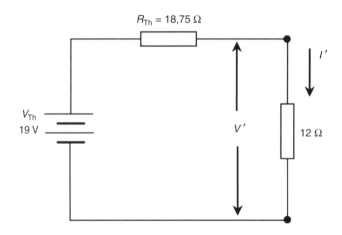

$$R_{eq} = 18{,}75 + 12 = 30{,}75 \, \Omega$$
$$I' = \frac{V_{Th}}{R_{eq}} = \frac{19}{30{,}75} = 0{,}618 \, A$$
$$V' = 12 \cdot I' = 12 \cdot 0{,}618 = 7{,}416 \, V$$

2. Determine a tensão e a corrente no resistor R do seguinte circuito:

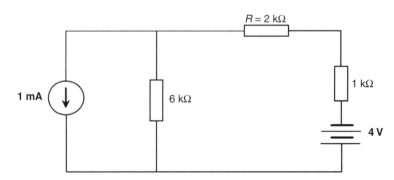

Solução:

A aplicação do teorema de Thévenin conduz a:

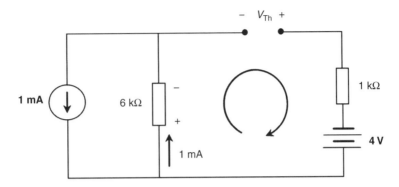

A fonte de corrente forçará 1 mA somente no resistor de 6 kΩ, uma vez que no outro ramo do circuito o caminho está aberto. Então, com a aplicação da 1.ª lei de Kirchhoff na malha interna direita temos:

$$+ 6000 \cdot 0{,}001 - V_{Th} - 4 = 0$$

$$- V_{Th} = 4 - 6$$

$$V_{Th} = 2 \text{ V}$$

O resistor de 1 kΩ não foi incluído na equação, uma vez que não flui corrente pelo mesmo.

A determinação de R_{Th}:

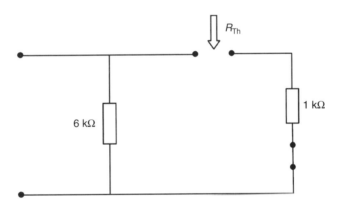

$$R_{Th} = 6 \text{ k} + 1 \text{ k} = 7 \text{ k}\Omega$$

Do que resulta o equivalente de Thévenin:

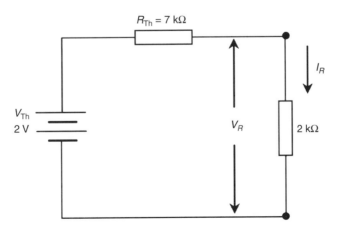

Pela lei de Ohm:

$$I_R = \frac{2}{7000+2000} = 2{,}222 \cdot 10^{-4}\ A = \boxed{0{,}222\ \text{mA}}$$

$$V_R = 2000 \cdot 2{,}222 \cdot 10^{-4} = \boxed{0{,}444\ \text{V}}$$

3. Substitua o circuito a seguir nos terminais *a* e *b* por um equivalente de Norton; a partir do equivalente de Norton, obtenha o equivalente de Thévenin.

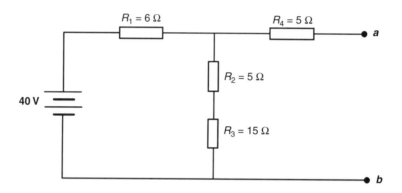

Solução:

Curto-circuitando-se os terminais *a* e *b*, a corrente de curto-circuito é a corrente de Norton, que é calculada fazendo-se:

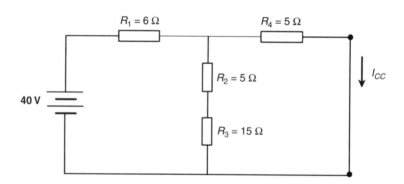

$$R' = R_2 + R_3 = 20\ \Omega$$

$$R'' = \frac{R_4 \cdot R'}{R_4 + R'} = \frac{5 \cdot 20}{5+20} = 4\ \Omega$$

$$R_{eq} = R_1 + R'' = 4 + 6 = 10\ \Omega$$

$$I = I_1 = \frac{V}{R_{eq}} = \frac{40}{10} = 4\ \text{A}$$

$$V_1 = R_1 \cdot I_1 = 6 \cdot 4 = 24\ \text{V}$$

$$V = V_1 + V_4$$

$$40 = 24 - V_4$$

$$V_4 = 16\ \text{V}$$

$$I_{CC} = I_4 = \frac{V_4}{R_4} = \frac{16}{5} = \boxed{3{,}2\ \text{A}}$$

A resistência R_{Th}:

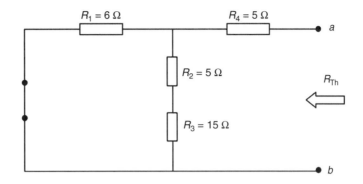

$$R''' = R_2 + R_3 = 20 \, \Omega$$

$$R'''' = \frac{R_1 \cdot R'''}{R_1 + R'''} = \frac{6 \cdot 20}{6 + 20} = 4{,}615 \, \Omega$$

$$R_{Th} = R_4 + R'''' = 5 + 4{,}615 = \boxed{9{,}615 \, \Omega}$$

O equivalente de Norton:

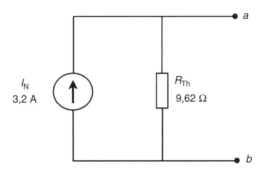

O equivalente de Thévenin:

$$V_{Th} = R_{Th} \cdot I_N = 9{,}615 \cdot 3{,}2 = \boxed{30{,}77 \, V}$$

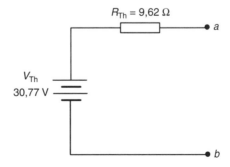

8.5 EXERCÍCIOS PROPOSTOS

1. Explique o que é uma fonte de corrente.
2. Explique a filosofia dos teoremas de Thévenin e de Norton. Quando dois circuitos, um de Thévenin e outro de Norton, são equivalentes um ao outro?
3. Obtenha os circuitos equivalentes de Thévenin e de Norton entre os terminais *a* e *b* dos seguintes circuitos:

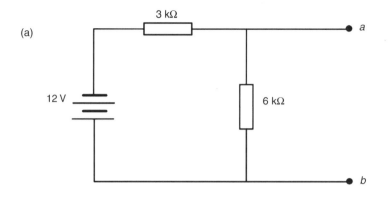

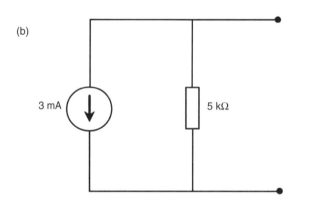

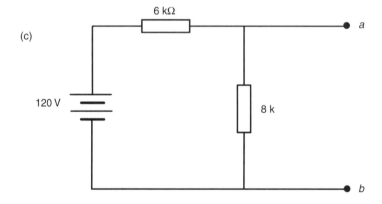

4. Determine a corrente *I* do seguinte circuito:

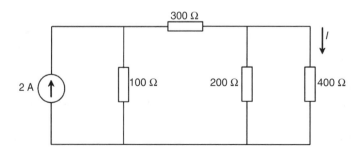

5. Calcule a tensão, a corrente e a potência no resistor *R*:

(a)
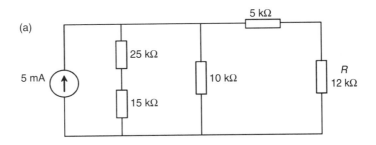

(b)
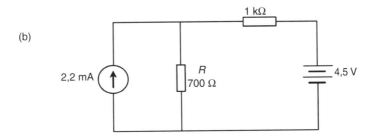

(c)
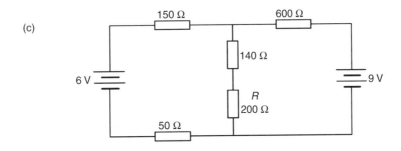

NOÇÕES DE MAGNETISMO E DE ELETROMAGNETISMO

9.1 ÍMÃS NATURAIS

Na Grécia antiga, um certo tipo de rocha, encontrada perto da cidade de Magnésia, na Ásia Menor, tinha o poder de atrair pequenos pedaços de ferro. Essa rocha era um minério de ferro que posteriormente recebeu o nome de **magnetita**, e seu poder de atração recebeu o nome de **magnetismo**. As rochas que apresentam essas propriedades magnéticas são chamadas de **ímãs naturais**.

Os ímãs naturais tiveram pouca aplicação, até se descobrir que, quando montados com liberdade de movimento, giravam de modo que uma de suas extremidades apontava sempre para o Norte geográfico da Terra. Há registros de utilização de bússolas primitivas pelos chineses, por volta do século III a.C.

A orientação dos ímãs na direção norte-sul é causada pelo magnetismo da Terra.

9.2 ÍMÃS PERMANENTES E ÍMÃS TEMPORÁRIOS

Se um ímã natural se movimentar ordenadamente sobre um pedaço de ferro, este último se magnetiza e forma um **ímã artificial**. Os ímãs artificiais podem também ser produzidos eletricamente. Substâncias como os *alnicos* (liga de alumínio, níquel e cobalto), após magnetizadas, conservam seu magnetismo por muito tempo, e por isto são chamadas **ímãs permanentes**. Do mesmo modo, são produzidos ímãs de boa qualidade com o emprego de partículas de ferro, ligas ou cerâmicas, as *ferritas*.

O ferro se magnetiza com muita facilidade, mas perde o seu magnetismo facilmente. Os ímãs de *ferro doce* (ferro aquecido e resfriado lentamente) são, por esse motivo, chamados **ímãs temporários**.

O magnetismo de um ímã se concentra em duas extremidades, que são chamadas *pólos magnéticos*. Devido ao fato de se orientarem na direção norte-sul quando têm liberdade de giro, os pólos dos ímãs são chamados de **norte** e **sul**.

A região central, entre o pólo norte e o pólo sul, não é dotada de propriedades magnéticas. É conhecida como **zona neutra**.

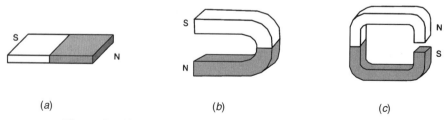

Figura 9.1 Alguns formatos de ímãs: (*a*) barra; (*b*) ferradura; (*c*) "C".

9.3 A NATUREZA DOS MATERIAIS MAGNÉTICOS

Existem várias teorias para explicar o magnetismo. A *teoria dos domínios magnéticos* considera o fato de cargas elétricas em movimento produzirem campos magnéticos.

Os elétrons de um átomo, ao girarem em torno do núcleo, apresentam propriedades magnéticas. Na maioria das substâncias, os elétrons giram em diferentes sentidos, de modo que seus campos magnéticos se cancelam e o magnetismo líquido do material é nulo. Todavia, há substâncias cujos átomos têm uma certa quantidade de elétrons girando em um sentido predominante. Esses átomos formam grupos que se comportam como pequenos ímãs, chamados **domínios magnéticos** ou **ímãs elementares**.

Um material como um pedaço de ferro é constituído de domínios. Quando o material não está magnetizado, os domínios têm orientação aleatória e o efeito líquido do magnetismo, para o corpo como um todo, é praticamente nulo.

Mas, se por algum método os domínios forem orientados em um único sentido, seus campos magnéticos se somarão, estabelecendo-se no corpo dois pólos magnéticos. Diz-se, então, que o corpo foi **magnetizado**.

Figura 9.2 Magnetização de um pedaço de ferro: (*a*) representação de um domínio magnético; (*b*) material magnético não-magnetizado – domínios desorientados; (*c*) material magnético magnetizado – domínios alinhados.

Essa teoria dá uma explicação satisfatória ao fato de não ser possível separar os pólos magnéticos de um ímã: quebrando-se um ímã, surgem pólos nas novas faces, porque cada pedaço possui ímãs elementares que contêm pólos norte e sul.

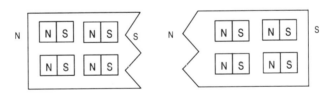

Figura 9.3 Inseparabilidade dos pólos magnéticos de um ímã.

9.4 CAMPOS MAGNÉTICOS

O campo magnético de um ímã pode ser explicado sob a forma de linhas de força, que apresentam as seguintes propriedades:

- "saem" do pólo norte;
- "entram" no pólo sul;
- não se cruzam (tendem a se repelir);
- formam um circuito fechado;
- são invisíveis, só podendo ser constatadas pelos efeitos que produzem.

A Figura 9.4 mostra a distribuição das linhas de força de um ímã em forma de barra.

Aproximando-se dois ímãs de modo que seus pólos norte sejam colocados frente a frente, ocorrerá repulsão entre eles. Isto também acontece com a aproximação de dois pólos sul. Mas, se um pólo norte for colocado de frente com um pólo sul, eles se atrairão mutuamente.

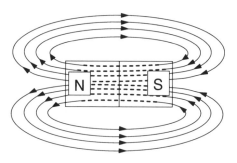

Figura 9.4 Ímã permanente com representação de suas linhas de força.

A atração ou a repulsão entre pólos magnéticos devem-se ao campo magnético que envolve o ímã. Os campos magnéticos não se misturam, mas se compõem e formam um campo deformado.

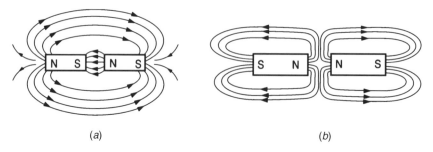

Figura 9.5 (*a*) Atração e (*b*) repulsão entre os pólos de um ímã.

Não existem isolantes para as linhas de força de um campo magnético. Elas passam através de todas as substâncias e até mesmo no vácuo. No entanto, se estabelecem com maior facilidade em determinadas substâncias, tais como o ferro. Assim, as linhas de força se concentram no ferro, comparando-se com o ar.

Aproximando-se um pedaço de ferro de um ímã, as linhas de força do ímã atravessam o ferro e orientam seus domínios, estabelecendo pólos norte e sul. Então, ocorrerá atração do ferro pelo ímã, como mostra a Figura 9.6.

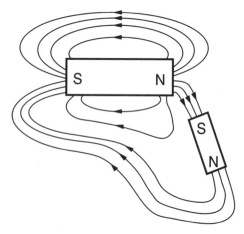

Figura 9.6 Atração de um pedaço de ferro por um ímã.

A experiência mostra que os materiais tendem a perder suas propriedades magnéticas quando são submetidos a uma temperatura muito elevada.

9.5 CAMPO MAGNÉTICO EM TORNO DE UM CONDUTOR

Em 1820, Hans Christian Oersted observou que um condutor percorrido por corrente elétrica podia deslocar a agulha de uma bússola colocada nas proximidades. O sentido e a intensidade do movimento da agulha da bússola estavam relacionados com o sentido e a intensidade da corrente elétrica.

Uma corrente elétrica sempre produz um campo magnético. Este é composto por linhas de força, distribuídas como em círculos concêntricos em volta do condutor que conduz a corrente. A intensidade do campo magnético depende da intensidade da corrente; assim, uma corrente elevada produz muitas linhas de força, e uma corrente pequena, poucas linhas de força.

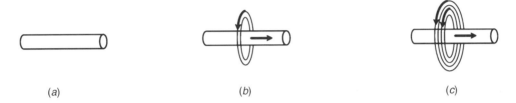

Figura 9.7 Linhas de força em torno de um condutor: (*a*) condutor sem corrente; (*b*) condutor com corrente fraca; (*c*) condutor com corrente mais elevada.

A Figura 9.8 mostra uma corrente convencional percorrendo um condutor. A relação entre o sentido da corrente no condutor e o sentido do campo magnético em torno do mesmo é definida pela **regra da mão direita**: ao se segurar um condutor com a mão direita (fechada), com o polegar apontando no sentido da corrente convencional, os outros dedos indicarão o sentido das linhas de força do campo magnético:

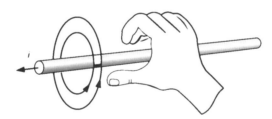

Figura 9.8 Regra da mão direita para se determinar o sentido do campo magnético em torno de um condutor.

Na Figura 9.9 são apresentadas as linhas de força do campo magnético para diversas vistas de um condutor, com o uso da regra da mão direita.

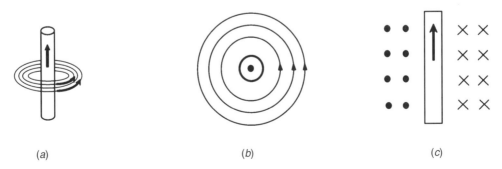

Figura 9.9 Vistas do campo magnético: (*a*) em perspectiva; (*b*) de cima, com a corrente saindo da folha; (*c*) lateral, com as linhas de força do campo magnético saindo (representadas pelos pontos) e entrando (representadas pelas cruzes).

9.6 CAMPO MAGNÉTICO DE UMA BOBINA

Se um fio condutor é enrolado, formando uma volta completa, tem-se uma espira. Enrolando-se várias voltas do condutor (espiras iguais e justapostas), tem-se uma bobina.

Figura 9.10 (*a*) Espira e (*b*) bobina.

Quando a corrente elétrica percorre uma espira, todas as linhas de força entrarão do mesmo lado desta, estabelecendo aí um pólo sul. Conseqüentemente, as linhas sairão todas do lado oposto, onde haverá um pólo norte. Assim, uma espira conduzindo corrente funcionará como um ímã fraco.

Em uma bobina, os campos magnéticos individuais se somam, formando um campo magnético de maior intensidade no interior e na parte externa da bobina. Nos espaços entre as espiras, as linhas de força estarão em oposição e se cancelarão mutuamente. A bobina funcionará como um ímã em barra, que contém o pólo norte na extremidade em que saem as linhas de força.

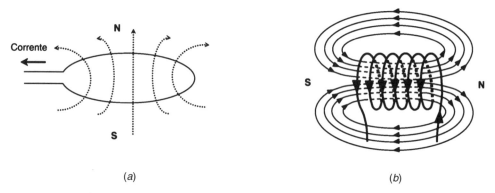

Figura 9.11 Campo magnético: (*a*) de uma espira; (*b*) de uma bobina.

A *regra da mão direita* para se determinar o sentido do campo magnético das bobinas diz que, se os dedos da mão direita envolvem a bobina no sentido da corrente, o polegar apontará para o seu pólo norte.

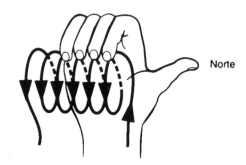

Figura 9.12 Regra da mão direita para se determinarem os pólos de uma bobina.

A intensidade do campo magnético de uma bobina depende do seu número de espiras, bem como da corrente que circula por seus condutores. Para concentrar o campo magnético, acrescenta-se um núcleo de ferro à bobina. Em tal núcleo, as linhas de força se estabelecem com maior facilidade do que no ar. Com isto, pode-se utilizar o campo magnético com mais eficiência nas máquinas e equipamentos elétricos.

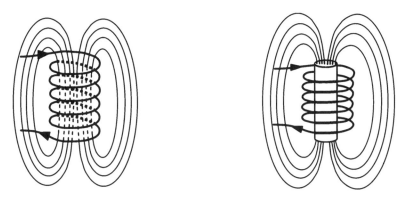

Figura 9.13 Concentração das linhas de força do campo magnético, com o emprego de um núcleo de ferro.

9.7 ELETROÍMÃS

Um eletroímã é constituído de uma bobina enrolada em um núcleo de ferro, de modo que, quando circula uma corrente pela bobina, estabelece-se um campo magnético que se concentra no núcleo de ferro, para cumprir determinada finalidade.

Os eletroímãs são construídos em diversos tamanhos e formatos, de acordo com a sua finalidade.

A corrente na bobina gera pólos magnéticos nas extremidades do núcleo. Para se determinarem esses pólos, deve-se fazer o seguinte:

- determinar os pólos da bobina, usando a regra da mão direita;
- atribuir sentido às linhas de força do campo magnético que percorrerem o núcleo;
- atribuir o pólo norte à extremidade do núcleo da qual as linhas saírem; onde as linhas entrarem será o pólo sul.

Quando houver um espaço de ar entre os pólos do eletroímã, este recebe o nome de entreferro.

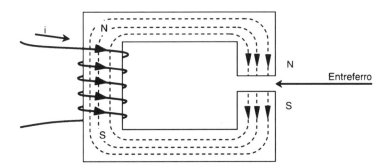

Figura 9.14 Eletroímã com entreferro.

9.8 EXERCÍCIOS PROPOSTOS

1. Por que os ímãs se orientam na direção norte-sul quando suspensos por um fio com liberdade de giro?
2. Explique de modo resumido a teoria dos domínios magnéticos.
3. Os pólos de um ímã podem ser separados? Explique.

4. Explique por que um pedaço de ferro é atraído, ao ser colocado perto dos pólos de um ímã.
5. Por que um núcleo de ferro concentra o campo magnético de uma bobina?
6. Coloque pólos no seguinte eletroímã:

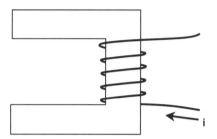

CAPÍTULO 10

CAPACITÂNCIA E CAPACITORES

10.1 CAPACITORES E CAPACITÂNCIA

Duas placas condutoras isoladas **A** e **B** são ligadas aos terminais de uma fonte de tensão contínua, como mostra a Figura 10.1.

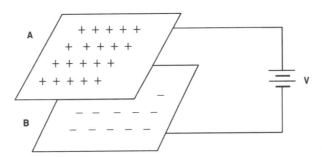

Figura 10.1 Placas condutoras ligadas a uma fonte de tensão contínua.

O terminal positivo da fonte retira elétrons da placa **A**. Os primeiros saem muito facilmente. Quando a placa perde um certo número de elétrons, a carga positiva da placa tem tendência a atrair elétrons. Daí, a saída de elétrons da placa torna-se mais difícil.

Ao mesmo tempo, os elétrons são forçados a entrar na placa **B**. Os primeiros entram facilmente; porém, como a placa vai se carregando negativamente, a repulsão entre os elétrons dificulta a entrada de mais elétrons.

O carregamento das placas, tanto da positiva quanto da negativa, continua até que a **diferença de potencial** entre as mesmas seja igual à força eletromotriz da fonte.

Um **capacitor** é um dispositivo formado por dois condutores próximos entre si, dispostos de modo que neles seja possível armazenar a máxima quantidade de cargas elétricas, por indução eletrostática. Isto é facilitado com a colocação de um material isolante entre as placas, que é chamado de **dielétrico**.

Um capacitor está **carregado** quando suas placas contêm cargas de igual módulo, porém com sinais contrários.

A **capacitância** é a relação entre a carga elétrica que um capacitor pode armazenar e a diferença de potencial entre suas duas placas. Em forma de equação:

$$C = \frac{Q}{V}, \qquad (10.1)$$

sendo:
C: capacitância, em *farads* (F)
Q: carga de uma das placas, em *coulombs* (C);
V: diferença de potencial entre as placas, em *volts* (V).

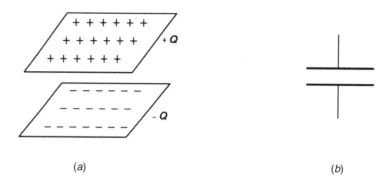

Figura 10.2 (a) Placas com cargas de mesmo sinal. O símbolo do capacitor (b) é sugerido pelas placas colocadas em paralelo.

O **farad** é a unidade fundamental da capacitância. No entanto, um capacitor de 1 farad é grande demais para ser usado em circuitos práticos. Por esse motivo, utilizam-se, normalmente, as seguintes unidades:

- microfarad (μF): 1 μF = 10^{-6} F
- nanofarad (nF) : 1 nF = 10^{-9} F
- picofarad (pF) : 1 pF = 10^{-12} F

10.2 FATORES DE QUE DEPENDE A CAPACITÂNCIA DE UM CAPACITOR

A capacitância de um capacitor depende dos seguintes fatores:

a. **A área das placas**: uma placa de área maior tem mais espaço para cargas em excesso do que uma de área pequena. Portanto, a área das placas é diretamente proporcional à capacitância.
b. **A distância entre as placas**: a interação entre dois corpos carregados depende da distância entre eles. A capacitância de um capacitor aumenta quando suas placas se aproximam e diminui se as placas se afastam.
c. **O tipo de material dielétrico**: as mesmas placas, separadas por uma distância fixa, têm sua capacitância modificada quando entre elas são colocadas diferentes substâncias como dielétrico. O efeito dessas substâncias é comparado ao do vácuo, isto é, toma-se como padrão a capacitância de um capacitor que tem vácuo entre suas placas. Colocando-se um dielétrico entre a placas, a capacitância do capacitor será multiplicada por uma quantidade fixa denominada **constante dielétrica**.

Algumas constantes dielétricas de materiais isolantes são:

Material	Constante dielétrica
Vácuo	1
Ar	1,0054
Polietileno	2,3
Âmbar	2,7
Papel	3,5
Mica	5,4

A capacitância de um capacitor plano pode ser obtida por uma equação, que combina os fatores abordados:

$$C = k\, \varepsilon_0 \, \frac{A}{d}, \tag{10.2}$$

sendo:

C: capacitância, em farads;

k: constante dielétrica, adimensional;

ε_0: permissividade do vácuo, igual a $8{,}85 \cdot 10^{-12}$ F/m (valor constante);

A: área das placas, em m²;

d: distância entre as placas, em metros.

10.3 TIPOS DE CAPACITORES

Os capacitores são construídos utilizando-se várias tecnologias, dependendo da sua finalidade. Os principais tipos de capacitores são mostrados a seguir.

10.3.1 Capacitores de Ar

Os capacitores de ar são construídos com placas de metal, separadas por espaços de ar. Podem ser fixos ou variáveis. Os capacitores de ar variáveis são encontrados em circuitos de sintonia de rádios.

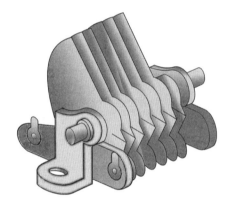

Figura 10.3 Capacitor de ar.

10.3.2 Capacitores a Óleo

Os capacitores a óleo são empregados em circuitos de tensão elevada, alternada. Para sua aplicação, utiliza-se papel impregnado em óleo.

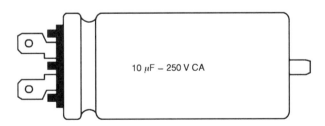

Figura 10.4 Capacitor a óleo.

10.3.3 Capacitores de Cerâmica

Os capacitores de cerâmica apresentam pequenas dimensões. Utilizam dielétrico de cerâmica e são aplicados onde se deseja economizar espaço, tal como em placas de circuitos eletrônicos.

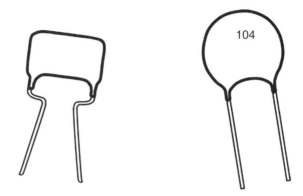

Figura 10.5 Capacitores cerâmicos.

10.3.4 Capacitores Eletrolíticos

Os capacitores eletrolíticos combinam alto valor de capacitância com menor tamanho, mas não suportam tensões muito altas. Esses capacitores têm polaridade, a qual deve ser respeitada quando se faz ligação ao circuito; caso contrário, ocorrerá dano.

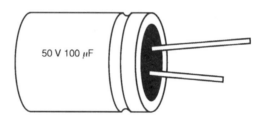

Figura 10.6 Capacitor eletrolítico.

10.4 EXERCÍCIO RESOLVIDO

Um capacitor plano é formado por duas placas com área de 0,04 m². O dielétrico é a baquelita ($k = 4,8$). A distância entre as placas é de 2 mm. (a) Qual a capacitância desse capacitor? (b) Qual a carga armazenada quando o capacitor é submetido a uma diferença de potencial de 12 V?

Solução:

$$A = 0,04 \text{ m}^2 = 4 \cdot 10^{-2} \text{ m}^2$$

$$d = 2 \text{ mm} = 2 \cdot 10^{-3} \text{ m}$$

$$k = 4,8$$

$$\varepsilon_0 = 8,85 \cdot 10^{-12} \text{ F/m}$$

$$V = 12 \text{ V}$$

$$C = ?$$

$$Q = ?$$

$$C = k\, \varepsilon_0 \frac{A}{d} = 4,8 \cdot 8,85 \cdot 10^{-12} \cdot \frac{4 \cdot 10^{-2}}{2 \cdot 10^{-3}} = 8,496 \cdot 10^{-10} \text{ F ou } 0,85 \text{ nF}$$

$$C = \frac{Q}{V}$$

$$Q = C \cdot V$$

$$Q = 8,496 \cdot 10^{-10} \cdot 12 = 1,02 \cdot 10^{-8}\, C \text{ ou } 10,2 \text{ nC}$$

10.5 EXERCÍCIOS PROPOSTOS

1. Duas placas planas e paralelas **A** e **B**, como as da Figura 10.1, inicialmente descarregadas, são ligadas a uma fonte de tensão. O carregamento das placas ocorrerá indefinidamente? Explique.

2. Um capacitor plano é formado por duas placas paralelas de área 0,10 m². O dielétrico é o polietileno e a distância entre as placas, 1 mm. Qual a capacitância desse capacitor?

Força Eletromotriz Induzida e Lei de Lenz

11.1 FORÇA ELETROMOTRIZ INDUZIDA

A corrente elétrica pode, também, ser produzida a partir do magnetismo.

Se um condutor é submetido a um campo magnético variável, entre suas extremidades aparece uma diferença de potencial que é chamada **força eletromotriz induzida**.

A força eletromotriz induzida surge, por exemplo, quando um condutor é aproximado ou afastado de um ímã em repouso e também se o condutor for mantido estacionário e o ímã se aproximar ou se afastar dele.

Há, então, um movimento relativo entre o condutor e o campo magnético. Isto produz um deslocamento das cargas elétricas no condutor: em um de seus terminais há excesso de elétrons e, no outro, deficiência — caracterizando-se, portanto, uma diferença de potencial.

Esse fenômeno recebe o nome de **indução eletromagnética**, e sua descoberta coube a Michael Faraday, em 1831.

11.2 LEI DE LENZ

Heinrich Lenz estudou o sentido da f.e.m. induzida descoberta por Faraday. Sua conclusão, conhecida como **lei de Lenz**, diz que:

> *O sentido de uma força eletromotriz induzida é tal que ela se opõe, pelos seus efeitos, à causa que a produziu.*

Se a indução eletromagnética resultar em uma corrente elétrica induzida em um circuito fechado, a lei de Lenz estabelece que:

> *O sentido da corrente induzida é tal que, por seus efeitos, ela se opõe à causa que lhe deu origem.*

Isto pode ser verificado pelo experimento retratado na Figura 11.1, que mostra um solenóide de extremidades **A** e **B** sendo ligado a um amperímetro de zero central. Enquanto o pólo norte do ímã se aproxima do solenóide, a corrente induzida tem um sentido tal que dá origem, em **A**, a um pólo norte. Esse pólo norte se opõe à aproximação do ímã, cuja variação de fluxo magnético, vista pelos condutores do solenóide, gerou a f.e.m. induzida (Figura 11.1a). Quando o ímã se afasta, a corrente induzida origina em **A** um pólo sul, que se opõe ao afastamento do ímã (Figura 11.1b).

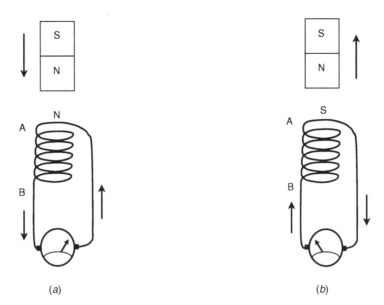

Figura 11.1 Montagem experimental para mostrar a lei de Lenz.

11.3 EXERCÍCIOS PROPOSTOS

1. Existe f.e.m. induzida em um condutor mantido em repouso em um campo magnético uniforme? Explique.
2. Determine o sentido da corrente elétrica induzida na espira, nos seguintes casos:

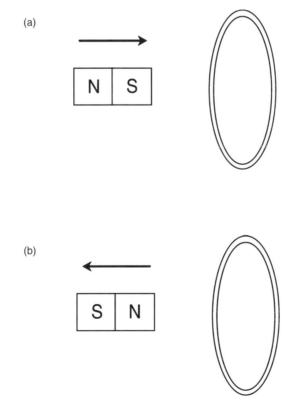

CAPÍTULO 12

CORRENTE ALTERNADA

12.1 HISTÓRICO

Os sistemas atuais de geração, transmissão e distribuição de energia elétrica geralmente utilizam corrente alternada, mas nem sempre foi assim.

O primeiro sistema de fornecimento de eletricidade foi construído por Thomas Alva Edison, em 1882. Esse sistema tinha pequeno porte e fornecia energia elétrica em corrente contínua a algumas dezenas de consumidores.

Quatro anos mais tarde, as centrais elétricas de Edison já supriam 150.000 lâmpadas. Utilizavam tensões de 120 V e 240 V e o consumo de eletricidade se fazia a 110 volts contínuos.

No final de 1886, George Westinghouse Jr. inaugurou o primeiro sistema de energia elétrica a corrente alternada, com o desenvolvimento de um transformador eficiente, por W. Stanley. Em dezembro de 1887, algumas centrais de corrente alternada tinham capacidade de alimentar 135.000 lâmpadas. A transmissão (da usina até o centro de consumo) era feita em 1000 V.

Em 1888, o preço do cobre, utilizado nos condutores para transmitir eletricidade, havia duplicado em relação aos anos anteriores. Havia dois sistemas de eletricidade concorrendo: o de corrente contínua, de Edison, e o de corrente alternada, de Westinghouse.

Edison atacava o sistema de corrente alternada, alegando que este representava mais perigo à vida que o sistema de corrente contínua. Alguns anos mais tarde, reconheceu-se que, com a segurança apropriada para a utilização de tensões mais elevadas, poder-se-ia obter maior eficiência do sistema de corrente alternada.

A transmissão de energia elétrica com o emprego de tensões mais elevadas possibilita a utilização de fios de menor seção transversal. O que isto representa?

Sabe-se que um condutor se aquece ao ser percorrido por uma corrente elétrica (efeito joule). Esse aquecimento representa uma perda de energia, que pode ser calculada pela fórmula:

$$P = R \cdot I^2 \tag{4.6}$$

Na análise desta equação, a influência da corrente é mais expressiva, porque ela está elevada ao quadrado. Daí, uma redução na intensidade da corrente resulta em diminuição da energia perdida na linha de transmissão.

É conveniente ressaltar que a elevação do nível de tensão, para transmitir eletricidade com correntes menores, só é possível com o uso de transformadores. Esses equipamentos não funcionam em corrente contínua.

É mais fácil e mais econômico construir uma linha que possibilite empregar uma tensão mais elevada do que fazer a mesma linha com fios de grande seção para correntes de elevada intensidade. A segurança necessária para a tensão elevada é obtida utilizando-se materiais isolantes adequados.

O sistema de corrente alternada mostrou-se vantajoso em comparação com o sistema de corrente contínua. Com o desenvolvimento de máquinas e equipamentos de corrente alternada, capazes de executar suas funções com bom desempenho, a aplicação do sistema de corrente contínua para transmitir eletricidade passou a ser restrita.

12.2 O GERADOR ELEMENTAR

Para se construir um gerador elementar de eletricidade, dispõe-se um fio condutor em forma de espira de forma adequada no campo magnético de um ímã permanente, como mostra a Figura 12.1. A espira está conectada ao circuito externo por meio de anéis deslizantes.

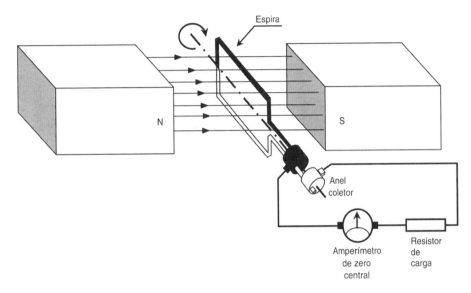

Figura 12.1 Gerador elementar com anéis coletores deslizantes.

Conforme a espira gira, em seus terminais é induzida uma força eletromotriz. A magnitude da força eletromotriz induzida depende da posição que a espira ocupar relativamente ao campo magnético. Será considerada a espira do gerador elementar girando no sentido horário, marcando-se sua posição em graus. Uma volta completa corresponde a 360°, com início em 0° (posição **0**). A posição **0** corresponde à espira mostrada na Figura 12.1. Neste caso, os lados da espira estão se deslocando paralelamente ao campo magnético do ímã; não enlaçam linhas de força e, portanto, não há f.e.m. induzida, nem corrente pelo circuito.

A espira gira da posição **0** para a posição **I** (90°). Seus condutores começam a enlaçar um número maior de linhas de força e, a 90°, o maior número de linhas de força é abarcado. Então, a f.e.m. induzida é máxima quando a espira estiver completando um quarto de volta (Figura 12.2). Avançando sua rotação, os lados da espira, que estavam enlaçando o número máximo de força na posição **I**, voltarão a estar em paralelo com o campo magnético do ímã na posição **II** (180°). Então, a f.e.m. induzida diminui de seu valor máximo até zero (Figura 12.3).

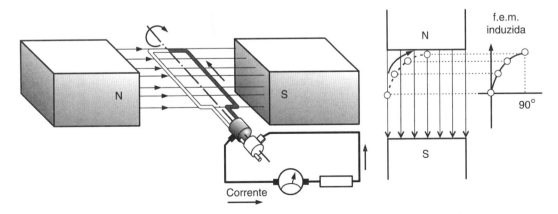

Figura 12.2 Geração de f.e.m. induzida no gerador elementar, da posição **0** para a posição **I**.

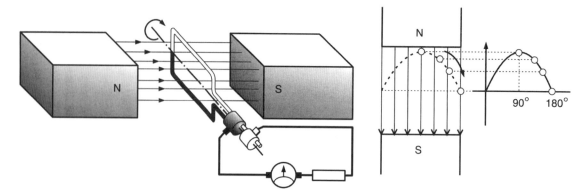

Figura 12.3 Geração de f.e.m. induzida no gerador elementar, da posição **I** para a posição **II**.

Assim que a espira ultrapassa a posição de 180°, seus condutores verão um campo magnético invertido em relação àquele da primeira meia-volta: o lado preto da espira agora se desloca para cima, e o lado branco, para baixo. Uma força eletromotriz será induzida entre as posições **II**, **III** e **0** do mesmo modo que na primeira metade da rotação, porém terá sentido invertido. O comportamento da f.e.m. induzida e da corrente, para uma rotação completa do gerador elementar, está mostrado na Figura 12.4. A tensão e a corrente obtidas nesse gerador elementar são chamadas de **alternadas**.

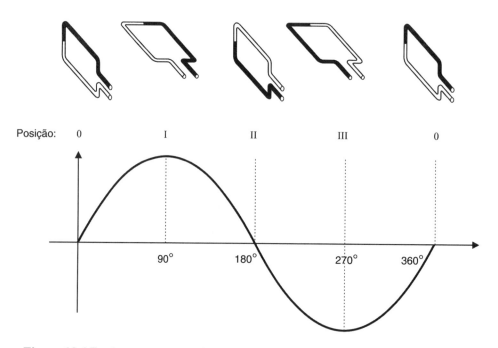

Figura 12.4 Tensão ou corrente gerada para uma rotação completa da espira do gerador elementar.

12.3 FORMAS DE ONDA

Formas de onda são gráficos que mostram como as tensões e as correntes variam em função de determinado parâmetro, geralmente relacionado com o tempo.

As formas de onda das tensões e correntes alternadas geradas, transmitidas e distribuídas comercialmente representam variações gradativas de tensão e de corrente, primeiro aumentando e depois diminuindo de valor para cada sentido. Essas tensões e correntes alternadas têm a forma correspondente a uma **senóide**.

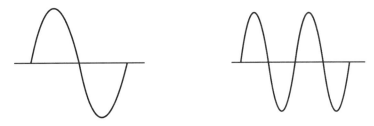

Figura 12.5 Ondas senoidais.

12.4 CICLO DE UMA CORRENTE ALTERNADA

Um **ciclo** é um conjunto completo de valores positivos e negativos da forma de onda de uma grandeza alternada. Esta onda é considerada como tendo dois **semiciclos**: o **positivo**, em que a intensidade cresce de zero até o valor máximo e cai novamente a zero, e o **negativo**, no qual o mesmo comportamento se verifica no sentido oposto. As formas de onda de tensões e correntes alternadas estudadas serão **simétricas**, ou seja, o semiciclo positivo tem a mesma forma e o mesmo conjunto de valores que o semiciclo negativo, sendo, contudo, invertidos um em relação ao outro.

Figura 12.6 Ciclo de uma onda alternada senoidal simétrica.

12.5 PARÂMETROS DE UMA ONDA ALTERNADA SENOIDAL

Freqüência é o número de ciclos completos de uma onda alternada, produzidos por unidade de tempo. Esta grandeza é expressa em *hertz* (Hz).

Um hertz corresponde a um ciclo por segundo. No Brasil, a freqüência comercial padrão é 60 Hz. Assim, as correntes e tensões alternadas evoluem de valores positivos para valores negativos 60 vezes por segundo.

O período de uma onda alternada é o tempo necessário para ela completar um ciclo. É o inverso da freqüência. Então,

$$f = \frac{1}{T} \tag{12.1}$$

e

$$T = \frac{1}{f}, \tag{12.2}$$

sendo T o período e f a freqüência.

Quando a freqüência é expressa em hertz, o período é medido em segundos.

A diferença entre a linha de referência e o valor máximo (positivo ou negativo) de uma onda é denominada **valor de pico**, **amplitude** ou simplesmente **valor máximo**.

A diferença entre o valor de pico positivo e o valor de pico negativo é chamada **valor pico a pico**. O valor pico a pico é numericamente igual ao dobro do valor de pico da onda.

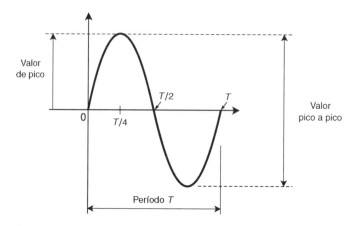

Figura 12.7 Ciclo de uma onda alternada com indicação de seus parâmetros.

O **valor instantâneo** é o valor da grandeza representada no eixo vertical, correspondente a um determinado instante de tempo constante do eixo horizontal. Por exemplo, na onda da Figura 12.7, no tempo $t = T/4$, o valor instantâneo da onda é igual ao seu valor máximo.

O **valor eficaz** de uma corrente alternada é igual ao valor da corrente contínua que, fluindo por um resistor, fornece a esse resistor a mesma potência que a corrente alternada. Esse valor é a medida da eficácia de uma fonte de tensão alternada em entregar potência a uma carga resistiva. É também chamado de valor médio quadrático ou **rms** (*root mean square*), por corresponder à raiz quadrada da média dos quadrados dos valores instantâneos de cada ponto da senóide.

O valor eficaz de uma onda senoidal é calculado fazendo-se:

$$\text{Valor eficaz} = \frac{\text{Valor máximo}}{\sqrt{2}} \tag{12.3}$$

Para exemplificar e comprovar que um certo valor eficaz de corrente alternada tem idêntico efeito que o mesmo valor em corrente contínua, se duas lâmpadas forem ligadas, uma a 12 volts contínuos e outra a 12 volts alternados, elas apresentarão o mesmo brilho se os 12 volts alternados forem eficazes.

12.6 RELAÇÕES DE FASE

O período da função seno é 2π (360°). Logo, o eixo horizontal das senóides pode ser expresso em graus, de modo que um ciclo completo da onda alternada corresponde a 360°.

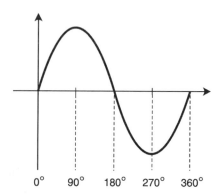

Figura 12.8 Senóide com seu eixo horizontal expresso em graus.

Na análise de sistemas de corrente alternada, é costume representar em um único gráfico duas ou mais formas de onda quando se deseja fazer uma comparação entre elas.

Quando as formas de onda passam pelo zero e atingem os valores máximos positivo e negativo simultaneamente, diz-se que elas estão **em fase**.

Se os valores máximo positivo, máximo negativo e zero de duas ondas sob comparação não ocorrem ao mesmo tempo, então elas não estão em fase, e diz-se que existe uma **defasagem** entre elas. Para que possam ter defasagens comparadas, as senóides devem ter a mesma freqüência. As defasagens são medidas com a unidade representada no eixo horizontal, como, por exemplo, em graus.

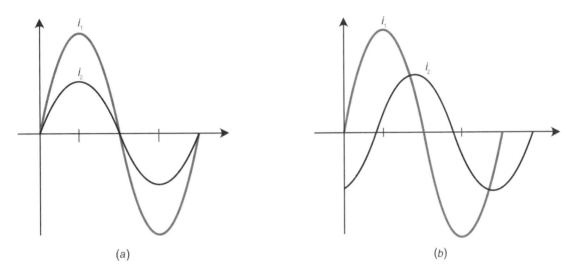

Figura 12.9 (*a*) Correntes em fase; (*b*) correntes defasadas.

12.7 EXERCÍCIOS RESOLVIDOS

1. Desenhe duas ondas de corrente defasadas de 90°.

   Solução:

   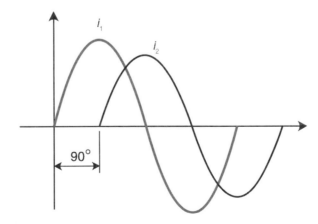

   A onda i_1 está adiantada 90° em relação a i_2, ou i_2 está atrasada 90° em relação a i_1. A onda i_1 começa e atinge o valor máximo de 90° antes de i_2.

2. Para a onda alternada figurada, determine: (a) o período; (b) a freqüência; (c) o valor eficaz; (d) o valor pico a pico; (e) o valor instantâneo no tempo $t = 30$ ms.

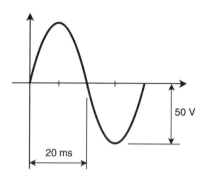

Solução:

(a) $T = 40$ ms ou $0{,}04$ s
(b) $f = \dfrac{1}{T} = \dfrac{1}{0{,}04} = 25$ Hz
(c) O valor fornecido é o de pico. $V_{pico} = V_{máx} = 50$ V
$V_{ef} = \dfrac{V_{máx}}{\sqrt{2}} = \dfrac{50}{\sqrt{2}} = 35{,}25$ V
(d) $V_{pp} = 2 \cdot V_{pico}$
$V_{pp} = 2 \cdot 50 = 100$ V
(e) No tempo $t = 30$ ms, a forma de onda da tensão tem valor máximo negativo e, portanto, seu valor instantâneo é **−50 V**.

12.8 EXERCÍCIOS PROPOSTOS

1. Por que a transmissão de energia elétrica a tensão elevada representa economia?

2. Desenhe uma onda de tensão alternada de valor eficaz 127 V e freqüência 60 Hz. Calcule o período dessa onda. Determine o valor instantâneo da tensão nos tempos: (a) $t = 8{,}33$ ms; (b) $t = 12{,}5$ ms.

3. Calcule o valor eficaz e a freqüência para as seguintes ondas:

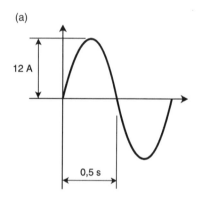
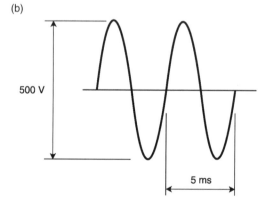

4. Calcule o valor eficaz e o período das seguintes ondas:

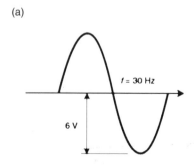
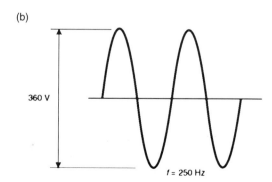

CAPÍTULO 13

RESISTÊNCIA, INDUTÂNCIA E CAPACITÂNCIA EM CIRCUITOS DE CORRENTE ALTERNADA

13.1 TENSÃO E CORRENTE NOS CIRCUITOS RESISTIVOS

Há circuitos de corrente alternada que contêm apenas resistência, como, por exemplo, lâmpadas incandescentes e aquecedores. Para efeito de estudo, esses componentes são modelados por **resistores**.

Ao se aplicar uma tensão alternada nos terminais de um resistor, a forma de onda da corrente se comporta como a da tensão, como mostra a Figura 13.1. Portanto, nesse tipo de circuito, a tensão e a corrente estão **em fase**. As amplitudes das ondas não são necessariamente iguais, porque são medidas por meio de unidades diferentes.

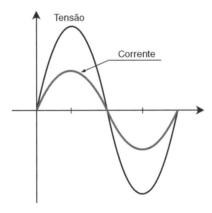

Figura 13.1 Formas de onda da tensão e da corrente alternada em um circuito que contém somente resistência.

13.2 INDUTÂNCIA

Quando um condutor é submetido a um campo magnético variável, nele surge uma força eletromotriz induzida (f.e.m.).

Se a f.e.m. é induzida no próprio condutor, o fenômeno é chamado de **auto-indução** e a força eletromotriz respectiva é denominada **força contra-eletromotriz**, que se opõe à variação da corrente no condutor.

Quando um condutor tem a propriedade de fazer surgir nele próprio ou em outro condutor uma f.e.m. induzida, diz-se que ele tem **indutância**.

Para compreender melhor a ação da indutância, considere o circuito da Figura 13.2.

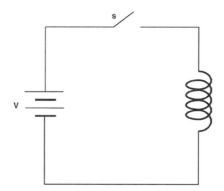

Figura 13.2 Circuito contendo uma bobina alimentada por uma fonte de tensão contínua.

Enquanto a chave está aberta, não há corrente no circuito nem campo magnético na bobina.

No instante em que a chave **s** é fechada, a intensidade da corrente começa a crescer a partir do zero, porém esse crescimento não é instantâneo. O campo magnético de cada espira da bobina enlaça as espiras adjacentes e nelas induz uma força eletromotriz, que se opõe ao aumento da corrente.

A corrente aumenta até um valor máximo determinado pela resistência do circuito. Ao atingir esse valor máximo, a corrente não mais aumenta e o campo magnético deixa de variar, cessando a f.e.m. induzida.

Quando ocorrer uma variação na corrente, o campo magnético se modificará e gerará novamente uma força contra-eletromotriz. Isto acontecerá, por exemplo, quando a chave **s** for aberta: a queda brusca da corrente produz uma rápida extinção do campo magnético e uma f.e.m. momentânea de valor elevado, que produz uma centelha, ao procurar manter a corrente.

A Figura 13.3 mostra o comportamento da corrente na bobina nos instantes de fechamento e abertura da chave.

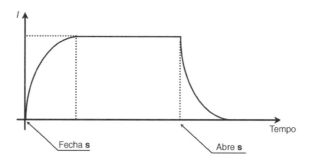

Figura 13.3 Gráfico da corrente na bobina em função do tempo.

Portanto, os efeitos da indutância estão presentes nos circuitos elétricos quando ocorrer uma variação da corrente: em um circuito de corrente contínua, a indutância só afeta a intensidade da corrente quando o circuito é ligado ou desligado, ou se alguma condição do circuito alterar o valor da corrente; em um circuito de corrente alternada, que muda continuamente de valor, a indutância do circuito influi durante todo o tempo.

O símbolo da indutância lembra o desenho de uma bobina:

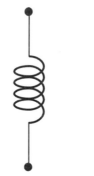

Figura 13.4 Símbolo da indutância.

A unidade de medida da indutância no Sistema Internacional é o *henry* (H). Um circuito tem indutância de 1 henry quando a força contra-eletromotriz induzida no mesmo é 1 volt e quando a corrente varia à razão de 1 ampère por segundo.

13.3 O EFEITO DA INDUTÂNCIA NOS CIRCUITOS DE CORRENTE ALTERNADA

Em um circuito teórico com indutância pura (sem resistência), ao qual foi aplicada uma tensão alternada senoidal, não haverá corrente até a tensão atingir seu valor máximo.

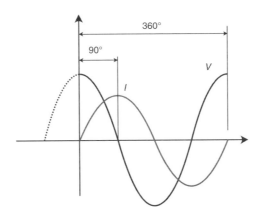

Figura 13.5 Formas de onda da tensão e da corrente em um circuito indutivo puro.

A corrente começa a crescer enquanto a tensão diminui, como mostra a Figura 13.5. Quando a tensão se anula, a corrente começa a diminuir, porém estará sempre atrasada em relação à tensão, devido à oposição que a indutância do circuito faz à variação da corrente.

A tensão atinge o valor máximo um quarto de ciclo antes da corrente, em cada semiciclo. Considerando-se que cada ciclo completo de uma onda alternada senoidal tem 360°, então a onda de tensão está adiantada 90° (um quarto de ciclo) em relação à onda de corrente, ou a onda de corrente está 90° atrasada em relação à onda de tensão.

Em um circuito com indutância e resistência, a onda da corrente fica também atrasada em relação à onda da tensão; o ângulo de atraso da corrente é um valor entre zero e 90°, dependendo dos valores da resistência e da indutância do circuito.

13.4 REATÂNCIA INDUTIVA

Partindo-se da definição do henry, a força contra-eletromotriz média é calculada com o uso da seguinte equação:

$$\overline{V} = -L \frac{\Delta I}{\Delta t}, \qquad (13.1)$$

sendo:
$\overline{V}$: valor médio da força contra-eletromotriz, em volts;
L: indutância, em henrys;
ΔI: variação da intensidade da corrente elétrica, em ampères;
Δt: tempo em que ocorreu a variação da corrente elétrica, em segundos;
$\frac{\Delta I}{\Delta t}$: razão de variação da corrente.

O sinal negativo da equação indica que a força contra-eletromotriz atua sempre no sentido de se opor à variação da própria corrente do circuito (lei de Lenz).

Em um circuito indutivo puro, a corrente alternada varia de zero até seu valor máximo em um tempo Δt igual a um quarto do período **T** da onda. Expressando isto em equações temos:

$$\Delta I = (I_{máx} - 0) = I_{máx} \tag{13.2}$$

$$\Delta t = \frac{T}{4} \tag{13.3}$$

Mas o período é o inverso da freqüência, donde a Equação 13.3 é reescrita:

$$\Delta t = \frac{1/f}{4} = \frac{1}{4f} \tag{13.4}$$

Substituindo as Equações 13.4 e 13.2 na Equação 13.1, temos:

$$\overline{V} = -L \frac{I_{máx}}{1/4f}$$

$$\overline{V} = -4fL\,I_{máx} \tag{13.5}$$

O valor médio de uma onda senoidal se relaciona com seu valor máximo pela expressão:

$$\overline{V} = \frac{2}{\pi}\,V_{máx} \tag{13.6}$$

Então, para a força contra-eletromotriz:

$$V_{máx} = \frac{\pi}{2}\,\overline{V} \tag{13.7}$$

Substituindo a Equação 13.5 na Equação 13.7, obtemos:

$$V_{máx} = -2\,\pi fL\,I_{máx} \tag{13.8}$$

Dividindo-se a Equação 13.8 por $\sqrt{2}$, obtêm-se os valores eficazes da f.c.e.m. e da corrente:

$$V_{ef} = -2\,\pi fL\,I_{ef} \tag{13.9}$$

Uma vez que a tensão aplicada ao circuito tem tendência contrária à f.c.e.m., seu valor deve ser:

$$V_{ef} = 2\,\pi fL\,I_{ef} \tag{13.10}$$

A oposição que a força contra-eletromotriz oferece à variação da corrente denomina-se **reatância indutiva** e é obtida com a aplicação da lei de Ohm:

$$X_L = \frac{V_{ef}}{I_{ef}} \tag{13.11}$$

Substituindo a Equação 13.10 na Equação 13.11, temos:

$$X_L = 2\,\pi fL \tag{13.12}$$

Pondo $\omega = 2\,\pi f$, obtemos:

$$X_L = \omega L \ , \tag{13.13}$$

sendo:

X_L: reatância indutiva, em ohms;

f: freqüência, em hertz;

L: indutância, em henrys;

ω: velocidade angular, em rad/s.

13.5 CAPACITÂNCIA NOS CIRCUITOS DE CORRENTE ALTERNADA

Um capacitor absorve energia do circuito quando suas placas são carregadas. Essa energia é devolvida ao circuito quando as placas são descarregadas. Este processo é análogo ao da geração e extinção do campo magnético em um indutor, porém, neste caso, a grandeza principal envolvida é a carga elétrica, não a corrente. O efeito da capacitância se manifesta na oposição à chegada de mais elétrons na placa negativa, ou à saída de elétrons na placa positiva, quando cada uma dessas placas já adquiriu uma quantidade suficiente da sua respectiva carga. Esta ação da capacitância se dá no sentido de se opor às variações de tensão. A capacitância retarda a variação da tensão, mas não impede essa variação.

A capacitância só afeta os circuitos de corrente contínua nos momentos em que são ligados ou desligados e alguma condição faça variar a carga do capacitor. Nos circuitos de corrente alternada, a tensão varia continuamente, daí os efeitos da capacitância serem sentidos durante todo o tempo.

A relação de fase entre as ondas de corrente e de tensão alternada em um circuito capacitivo puro é exatamente oposta à de um circuito que contém somente indutância. Em um circuito capacitivo puro, a onda de corrente se adianta 90° em relação à onda de tensão, ou a tensão está 90° atrasada em relação à corrente, como mostra a Figura 13.6.

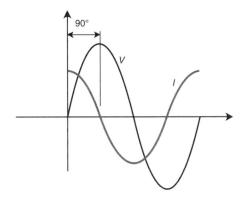

Figura 13.6 Defasagem entre a corrente e a tensão alternada em um circuito capacitivo puro.

Em um circuito que contém resistência e capacitância, o ângulo de defasagem entre a corrente e a tensão é algum valor entre 0° e 90°, dependendo dos valores da resistência e da capacitância envolvidos.

13.6 REATÂNCIA CAPACITIVA

O *farad* é a capacitância que resulta em uma diferença de potencial de 1 volt, quando uma corrente de carga de 1 A flui em um segundo. Se traduzirmos isto em equação, a relação entre a corrente média e a tensão em um capacitor é dada por:

$$\bar{I} = C \frac{\Delta V}{\Delta t}, \qquad (13.14)$$

sendo:
 $\bar{I}$: corrente média de carga ou de descarga, em ampères;
 C: capacitância, em farads;
 ΔV: variação da tensão, em volts;
 Δt: variação do tempo, em segundos;
 $\dfrac{\Delta V}{\Delta t}$: razão de variação da tensão.

Se for considerada a variação em um quarto de período, teremos:

$$\Delta V = V_{máx} - 0 = V_{máx} \qquad (13.15)$$

$$\Delta t = \frac{T}{4} = \frac{1}{4f} \tag{13.4}$$

Então, substituindo as Equações 13.15 e 13.4 na Equação 13.14, temos:

$$\bar{I} = C \frac{V_{máx}}{1/4f}$$

$$\bar{I} = 4 f C V_{máx} \tag{13.16}$$

Mas,

$$\bar{I} = \frac{2}{\pi} I_{máx} \tag{13.17}$$

Substituindo a Equação 13.16 na equação 13.17, obtemos:

$$\frac{2}{\pi} I_{máx} = 4 f C V_{máx}$$

$$I_{máx} = 2 \pi f C V_{máx} \tag{13.18}$$

Dividindo os dois membros da equação por $\sqrt{2}$, temos:

$$I_{ef} = 2 \pi f C V_{ef} \tag{13.19}$$

A diferença de potencial que aparece entre as placas de um capacitor se opõe à variação da tensão aplicada no capacitor. Essa oposição é chamada de **reatância capacitiva**, e para obtê-la fazemos:

$$X_C = \frac{V_{ef}}{I_{ef}} \tag{13.20}$$

Substituindo a Equação 13.19 na Equação 13.20, temos:

$$X_C = \frac{V_{ef}}{2\pi f C V_{ef}}$$

$$X_C = \frac{1}{2\pi f C} \tag{13.21}$$

$$X_C = \frac{1}{\omega C} , \tag{13.22}$$

sendo:

X_C: reatância capacitiva, em ohms;

f: freqüência, em hertz;

C: capacitância, em farads;

$\omega = 2 \pi f$: velocidade angular, em rad/s.

13.7 EXERCÍCIOS RESOLVIDOS

1. Qual é a tensão média induzida em um circuito de indutância 0,8 mH, se a corrente variou 2500 A em 500 ms?

Solução:

$$\bar{V} = -L \frac{\Delta I}{\Delta t}$$

$$\overline{V} = -8 \cdot 10^{-4} \cdot \frac{2500}{0,5}$$

$$\overline{V} = 4\,\text{V}$$

Como o sinal decorre de uma interpretação física, pode-se omiti-lo.

2. Calcule a reatância indutiva de uma bobina, sabendo que ela tem uma indutância de 1,965 H e está ligada a uma tensão alternada senoidal cuja freqüência é 60 Hz.

Solução:

$$X_L = 2\pi f L = 2\pi \cdot 60 \cdot 1,965 = 741\,\Omega$$

3. Determine o valor do capacitor que, ligado a uma tensão senoidal de freqüência 50 Hz, tem uma reatância igual a 21,22 Ω.

Solução:

$$X_C = \frac{1}{2\pi f C}$$

$$21,22 = \frac{1}{2\pi \cdot 50 \cdot C}$$

$$C = \frac{1}{2\pi \cdot 50 \cdot 21,22}$$

$$C = 1,5 \cdot 10^{-4}\,\text{F ou } 150\,\mu\text{F}$$

13.8 EXERCÍCIOS PROPOSTOS

1. Considere o seguinte circuito:

    (a) Quando a chave **s** for fechada, a corrente crescerá instantaneamente até o seu valor máximo, ou não?
    (b) O que acontecerá com o campo magnético quando a corrente atingir o valor máximo?
    (c) O que acontecerá quando a chave **s** for aberta para interromper a corrente?

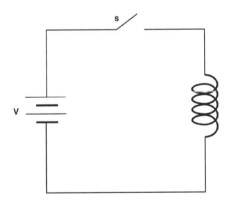

2. Um circuito indutivo prático pode ter resistência nula? Explique.

3. Explique de modo resumido qual é a razão da existência de defasagem entre a corrente e a tensão: (a) nos circuitos indutivos puros; (b) nos circuitos capacitivos puros.

4. Explique o que é: (a) reatância indutiva; (b) reatância capacitiva.

5. Um capacitor de 100 μF está carregado e em seus terminais existe uma tensão de 220 V. Um condutor é ligado aos terminais desse capacitor, de modo que, após 10 ms, a tensão foi reduzida para 50 V. Qual é a corrente média de descarga?

6. Uma bobina é ligada a uma tensão senoidal, cuja freqüência é igual a 50 Hz. Se a bobina tem uma reatância de 12 Ω, qual é o valor de sua indutância?

7. Calcule a reatância de um capacitor de 68 nF, ligado a uma tensão alternada senoidal de freqüência 60 Hz.

CAPÍTULO 14

POTÊNCIA ATIVA, POTÊNCIA REATIVA E POTÊNCIA APARENTE

14.1 POTÊNCIA NOS CIRCUITOS RESISTIVOS

Em um circuito de corrente alternada, a potência é obtida pela multiplicação de todos os valores instantâneos de tensão e corrente um pelo outro, para resultar nos valores instantâneos de potência que, marcados em um sistema de coordenadas, formam uma curva como a que se vê na Figura 14.1.

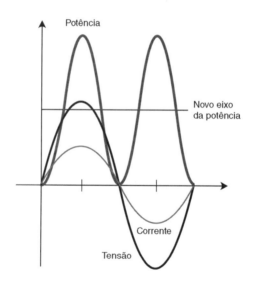

Figura 14.1 Forma de onda da potência em circuito resistivo de corrente alternada.

Nos circuitos resistivos, nos quais a tensão e a corrente estão em fase, ou essas duas grandezas são positivas, ou são ambas negativas. Daí, o resultado da multiplicação de uma pela outra resulta sempre em um número positivo, razão pela qual todos os valores instantâneos da potência estão acima do eixo horizontal de referência.

Para que as áreas acima sejam iguais às áreas abaixo, a curva da potência tem um novo eixo, que representa o **valor médio da potência no circuito resistivo**. Essa potência é utilizada para iluminação, aquecimento e realização de trabalho. É dissipada na resistência do circuito e chamada **potência ativa** em um circuito de corrente alternada.

Da Figura 14.1 temos:

$$P = \frac{P_{máx}}{2} \quad (14.1)$$

$$P_{máx} = V_{máx} \cdot I_{máx}$$

$$V_{máx} = \sqrt{2} \cdot V_{ef} \quad (14.2)$$

$$I_{máx} = \sqrt{2} \cdot I_{ef}$$

Então:

$$P = \frac{V_{máx} \cdot I_{máx}}{2} = \frac{\sqrt{2} \cdot V_{ef} \cdot \sqrt{2} \cdot I_{ef}}{2} = V_{ef} \cdot I_{ef}, \quad (14.3)$$

ou seja, a potência ativa no circuito resistivo é o resultado da multiplicação dos valores eficazes de tensão e de corrente.

14.2 A POTÊNCIA NOS CIRCUITOS INDUTIVOS E CAPACITIVOS

Em circuitos teóricos puramente indutivos ou capacitivos puros, a multiplicação de todos os valores instantâneos de tensão por corrente resulta em uma curva de potência cujo eixo coincide com o eixo da tensão e da corrente, como exemplifica a Figura 14.2.

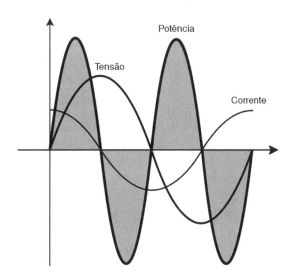

Figura 14.2 Forma de onda da potência em um circuito capacitivo puro de corrente alternada.

A área acima é igual à área abaixo do eixo horizontal.

A potência acima do eixo de referência é fornecida pela fonte ao circuito, armazenada no indutor ou no capacitor. A potência abaixo desse eixo é aquela que o circuito devolve à fonte, quando o campo magnético do indutor está se extinguindo ou quando o capacitor está perdendo sua carga.

Esta potência é causada pela reatância do circuito, que não produz luz ou calor, nem realiza trabalho, mas requer uma corrente no circuito. É chamada **potência reativa**.

Quando um circuito indutivo ou capacitivo contém certa resistência, há uma defasagem entre 0° e 90° entre a tensão e a corrente. O eixo da curva de potência se desloca relativamente ao eixo da tensão e da corrente, como se vê no exemplo da Figura 14.3. A potência acima do eixo horizontal é maior que aquela abaixo desse eixo; a diferença entre essas duas potências representa a potência ativa.

A potência resultante da simples multiplicação da tensão pela corrente é chamada de **potência aparente**.

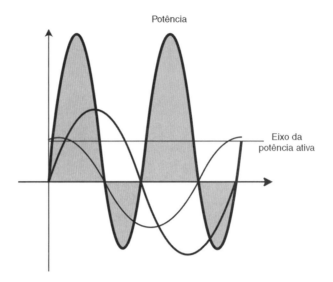

Figura 14.3 Forma de onda da potência em um circuito capacitivo de corrente alternada, contendo também resistência.

14.3 EXERCÍCIOS PROPOSTOS

1. Uma carga resistiva pura solicita uma corrente de valor de pico 3 A, quando alimentada por uma tensão alternada senoidal de valor máximo 6 V. Pedem-se:
   (a) desenhe, em um mesmo gráfico, as correspondentes formas de onda da tensão, da corrente e da potência (marque o eixo horizontal em graus);
   (b) trace o eixo da potência ativa e identifique o seu valor;
   (c) calcule os valores eficazes da tensão e da corrente e, a partir destes, a potência ativa do circuito.

2. Uma carga indutiva pura requer uma corrente de amplitude 2 A, alimentada por uma tensão senoidal de valor de pico 4 V. (a) Desenhe, em um mesmo gráfico, as correspondentes formas de onda da tensão, da corrente e da potência (marque o eixo horizontal em graus). (b) Qual é o valor da potência ativa solicitada por esse circuito? Explique.

3. Qual é o valor da potência reativa no circuito do Exercício 1? Explique.

CAPÍTULO 15

NÚMEROS COMPLEXOS

15.1 FORMA ALGÉBRICA E FORMA POLAR DE UM NÚMERO COMPLEXO

Quando a corrente alternada passou a ser utilizada, no final do século XIX, surgiu a necessidade de modelar matematicamente os circuitos e equipamentos elétricos respectivos, a fim de se analisar o seu comportamento e viabilizar o seu desenvolvimento.

Os cálculos iniciais foram trabalhosos, pois resistores, indutores e capacitores têm comportamentos diferentes quando presentes em um circuito de corrente alternada.

Em 1893, o engenheiro de origem prussiana Charles P. Steinmetz descobriu que o tratamento matemático dispensado aos **números complexos** se adequava perfeitamente ao estudo dos circuitos elétricos de corrente alternada.

Os números complexos surgiram no século XVII e foram desenvolvidos até meados do século XIX sem ter, porém, alguma aplicação prática.

As raízes quadradas dos números negativos não tinham sentido. Para exemplificar, $\sqrt{-9}$ não seria +3, nem −3, uma vez que $(+3)^2 = +9$ e $(-3)^2 = +9$.

Para dar sentido a essas raízes, foi necessário ampliar o conceito de número, como mostra a seguinte transformação:

$$\sqrt{-9} = \sqrt{9(-1)} = \sqrt{9} \cdot \sqrt{(-1)} = 3 \cdot \sqrt{(-1)} \ .$$

Generalizando, a raiz quadrada de um número negativo pode ser escrita com a forma $a \cdot \sqrt{(-1)}$. Aceita-se, então, o símbolo $\sqrt{(-1)}$ como sendo o número que se representa por i, denominado *unidade imaginária*, com a qual se forma a classe dos imaginários puros:

$$..., -3i, -2i, -i, 0, i, 2i, 3i, ...$$

Em contrapartida, os números até agora conhecidos, como 5, −3, 2, 86, $\sqrt{7}$, π etc. denominam-se **números reais**.

A unidade imaginária é definida pela condição

$$i^2 = -1 \ ,$$

isto é, o número cujo quadrado é −1.

A soma $a + bi$ de um número real com um imaginário puro denomina-se **número complexo**, sendo a e b números reais e $i = \sqrt{(-1)}$ a unidade imaginária.

Diz-se que um número complexo na forma $z = a + bi$ está na **forma algébrica**.

O número complexo $z = a + bi$ pode ser representado em um plano ortogonal, no qual o eixo horizontal é o eixo dos números reais, e o eixo vertical, o eixo dos números imaginários, como se vê na Figura 15.1. Com o uso da trigonometria, obtém-se da Figura 15.1:

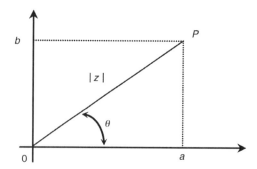

Figura 15.1 Plano complexo.

$$\overline{OP} = \sqrt{a^2 + b^2} = |z| \tag{15.1}$$

$$\text{sen } \theta = \frac{b}{|z|} \tag{15.2}$$

$$\cos \theta = \frac{a}{|z|} \tag{15.3}$$

$$\text{tg } \theta = \frac{b}{a} \tag{15.4}$$

O segmento $\overline{OP}$ representa graficamente o **módulo** do número complexo $|z|$. O ângulo θ é chamado de **argumento**.

Com esses novos elementos, pode-se representar o número complexo z na forma

$$z = |z| \cdot (\cos \theta + i \text{ sen } \theta) \tag{15.5}$$

Esta é a chamada **forma polar**. Como $z = a + bi$, segue-se que:

$$a = |z| \cdot \cos \theta \tag{15.6}$$

$$b = |z| \cdot \text{sen } \theta \tag{15.7}$$

Para simplificar a forma de escrever, um número complexo na forma polar pode ser representado da seguinte maneira:

$$z = |z| \underline{/\theta} \tag{15.8}$$

O **conjugado** do número complexo $z = a + bi$ é denotado por $\bar{z}$ e definido por $\bar{z} = a - bi$.

Em Eletricidade, a unidade imaginária é representada pela letra j, geralmente colocada antes da quantidade relativa à parte imaginária. Exemplo: $5 - j9$.

15.2 TRANSFORMAÇÕES PARA SE REPRESENTAREM NÚMEROS COMPLEXOS

15.2.1 Transformação da Forma Algébrica para a Forma Polar

Sendo $z = a + jb$ um número complexo na forma algébrica, para se obter sua forma polar deve-se calcular o módulo e o argumento, respectivamente, conforme se segue:

$$|z| = \sqrt{a^2 + b^2} \tag{15.1}$$

$$\theta = \text{arctg}\,\frac{b}{a} \tag{15.4a}$$

Exemplos: transformar para a forma polar os seguintes números complexos:

1. $z_1 = 5 - j10$

   $|z| = \sqrt{5^2 + (-10)^2} = \sqrt{125} = 11,18$

   $\theta = \text{arctg}\,\dfrac{-10}{5} = \text{arctg}(-2) = -63,43°$

   $z_1 = 11,18\underline{/-63,43°}$

2. $z_2 = -2 + j3$

   $|z| = \sqrt{(-2)^2 + 3^2} = \sqrt{13} = 3,606$

   $\theta = \text{arctg}\,\dfrac{3}{2} = \text{arctg}(-1,5) = -56,31° + 180° = 123,69°(2.° \text{ quadrante})$

   $z_2 = 3,606\underline{/123,69°}$

15.2.2 Transformação da Forma Polar para a Forma Algébrica

Sendo $z = |z|\underline{/\theta}$ um número complexo na forma polar, a sua forma algébrica é obtida calculando-se a parte real e a parte imaginária, respectivamente, conforme se segue:

$$\text{Re}(z) = |z| \cdot \cos\theta \tag{15.6a}$$

$$\text{Im}(z) = |z| \cdot \text{sen}\,\theta \tag{15.7a}$$

Exemplos: transformar para a forma algébrica os seguintes números complexos:

1. $z_1 = 10\underline{/60°}$

   $\text{Re}(z_1) = |z_1| \cdot \cos\theta = 10 \cdot \cos 60° = 5$

   $\text{Im}(z_1) = |z_1| \cdot \text{sen}\,\theta = 10 \cdot \text{sen}\,60° = 8,66$

   $z_1 = 5 + j8,66$

2. $z_2 = 50\underline{/-90°}$

   $\text{Re}(z_2) = |z_2| \cdot \cos\theta = 50 \cdot \cos(-90°) = 0$

   $\text{Im}(z_2) = |z_2| \cdot \text{sen}\,\theta = 50 \cdot \text{sen}(-90°) = -50$

   $z_2 = -j50$

15.2.3 Obtenção do Conjugado

Determinar o conjugado de:

1. $z_1 = 5 - j4$

   $\bar{z}_1 = 5 + j4$

2. $z_2 = 10\underline{/60°}$

   $\bar{z}_2 = 10\underline{/-60°}$

15.3 OPERAÇÕES COM NÚMEROS COMPLEXOS

15.3.1 Soma e Subtração de Números Complexos

Na soma e na subtração de números complexos, estes deverão estar na forma algébrica. Então, faz-se a operação matemática com as partes reais em separado e, da mesma forma, com as partes imaginárias.

Exemplos:

1. Somar os números complexos $z_1 = 5 + j10$ e $z_2 = 15 - j25$

$$z_1 + z_2 = 5 + j10 + 15 - j25 = (5 + 15) + j(10 - 25)$$

$$z_1 + z_2 = 20 - j15$$

2. Dados $z_1 = 18\,\underline{/-55°}$ e $z_2 = 19\,\underline{/46°}$, obter $z_1 - z_2$.

$\text{Re}(z_1) = 10{,}324$

$\text{Im}(z_1) = -14{,}745$

$\text{Re}(z_2) = 13{,}199$

$\text{Im}(z_2) = 13{,}667$

$z_1 - z_2 = 10{,}324 - j14{,}745 - (13{,}199 + j13{,}667)$

$z_1 - z_2 = (10{,}324 - 13{,}199) + j(-14{,}745 - 13{,}667)$

$$z_1 - z_2 = -2{,}875 - j28{,}412$$

15.3.2 Multiplicação e Divisão de Números Complexos

Em Eletricidade, é usual fazer as operações de multiplicação e divisão trabalhando-se com os números complexos na forma polar, embora também seja possível efetuá-las se os números complexos estiverem na forma algébrica.

Com os números complexos na forma polar:

- na *multiplicação*, multiplicam-se os módulos e somam-se os argumentos;
- na *divisão*, dividem-se os módulos (o do numerador pelo do denominador) e subtraem-se os argumentos (o argumento do numerador "menos" o argumento do denominador).

Exemplos:

1. Multiplicar os números complexos $z_1 = 5 + j12$ e $z_2 = 3 - j4{,}5$

$z_1 = 5 + j12 = 13\,\underline{/67{,}38°}$

$z_2 = 3 - j4{,}5 = 5{,}408\,\underline{/-56{,}31°}$

$z_1 \cdot z_2 = 13\,\underline{/67{,}38°} \cdot 5{,}408\,\underline{/-56{,}31°}$

$z_1 \cdot z_2 = (13 \cdot 5{,}408)\,\underline{/67{,}38 + (-56{,}31)}$

$$z_1 \cdot z_2 = 70{,}304\,\underline{/11{,}07°}$$

2. Dados $z_1 = 26{,}926\,\underline{/-68{,}20°}$ e $z_2 = 36{,}056\,\underline{/56{,}31°}$, obter z_1/z_2.

$$\frac{z_1}{z_2} = \frac{26{,}926\,\underline{/-68{,}20°}}{36{,}0\,\underline{/56{,}31°}} = 0{,}747\,\underline{/-68{,}20 - 56{,}31} = 0{,}747\,\underline{/-124{,}51°}$$

15.4 EXERCÍCIOS PROPOSTOS

1. Transforme para a forma polar os seguintes números complexos:
   (a) $z_1 = 6{,}1 + j13$
   (b) $z_2 = 0{,}5 - j0{,}67$

(c) $z_3 = -2 - j3$
(d) $z_4 = -5 - j4$
(e) $z_5 = -j5$
(f) $z_6 = 23$

2. Transforme para a forma algébrica:

   (a) $z_1 = 3,5\,\underline{/15°}$
   (b) $z_2 = 0,7\,\underline{/-20°}$
   (c) $z_3 = 3,8\,\underline{/90°}$
   (d) $z_4 = 7,35\,\underline{/112°}$
   (e) $z_5 = 1967\,\underline{/-90°}$
   (f) $z_6 = 245\,\underline{/198°}$

3. Dados

   $z_1 = 442 - j686$
   $z_2 = 733 + j295$
   $z_3 = 957\,\underline{/90°}$
   $z_4 = 821\,\underline{/-45°}$,

   pede-se:

   (a) $z_1 + z_2$
   (b) $z_1 + z_3 - z_4$
   (c) z_4 / z_1
   (d) $\bar{z}_3 / z_2$

4. Dados

   $z_1 = 1,127\,\underline{/-85°}$
   $z_2 = 0,845\,\underline{/17,45°}$
   $z_3 = 1,971\,\underline{/120°}$
   $z_4 = -0,7 + j1,832$,

   obtenha:

   (a) $z_1 \cdot z_4$
   (b) $z_1 - \bar{z}_2$
   (c) $z_1 / \bar{z}_4$
   (d) z_2 / z_3

CAPÍTULO 16

ASSOCIAÇÕES EM SÉRIE E EM PARALELO DE RESISTORES, INDUTORES E CAPACITORES EM CIRCUITOS DE CORRENTE ALTERNADA

16.1 IMPEDÂNCIA

Um circuito suprido por uma única fonte de tensão alternada é chamado de **monofásico**.

Todos os circuitos elétricos de corrente alternada (CA) contêm alguma quantidade de resistência, indutância e capacitância. Para o estudo do circuito, devem ser calculadas as respectivas reatâncias indutiva (X_L) e capacitiva (X_C). Em determinado circuito, o efeito de algum desses elementos pode ser muito pequeno, e por isso ele pode ser desprezado.

A resistência, juntamente com as reatâncias, limita a corrente nos circuitos de corrente alternada. A oposição total causada por esses três elementos limitadores de corrente é denominada **impedância**.

Os circuitos formados por combinações dos elementos R, X_L e X_C são os seguintes:

- circuito RL: são os que contêm resistência e indutância e nos quais a capacitância é desprezível;
- circuito RC: contêm resistência e capacitância, e a indutância é desconsiderada;
- circuito LC: contêm indutância e capacitância, e o efeito da resistência é desprezado;
- circuito RLC: os três elementos afetam a corrente, de modo que nenhum deles pode ser desconsiderado.

Nesses circuitos, as combinações resultam em associações em série, em paralelo, ou formam uma associação mista.

16.2 FASORES

Cada elemento, R, L ou C, tem, nos circuitos de corrente alternada, um comportamento peculiar, cujo efeito gera uma defasagem específica entre a onda de corrente e a onda de tensão. A solução dos circuitos elétricos que contenham esses elementos poderia envolver a combinação gráfica das ondas defasadas, como mostra a Figura 16.1.

Este método é às vezes muito trabalhoso, sendo mais prático empregar **vetores** para representar as grandezas senoidais que variam com o tempo. Uma senóide pode ser considerada como o desenvolvimento, em coordenadas retangulares, de um vetor de módulo constante, que gira em sentido anti-horário (sentido contrário ao dos ponteiros do relógio). Esse vetor girante é denominado **fasor**.

Na Figura 16.2, o fasor tem módulo igual à amplitude (valor máximo) da senóide. Enquanto a onda evolui no tempo, o vetor gira no sentido anti-horário, em torno da origem do sistema retangular. Quando é conveniente, o fasor pode ser representado como tendo o valor eficaz da senóide.

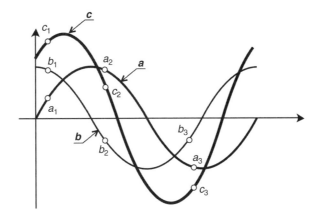

Figura 16.1 Combinação gráfica das ondas a e b, sendo c a resultante. Exemplos: $c_1 = a_1 + b_1$; $c_2 = a_2 + b_2$; $c_3 = a_3 + b_3$.

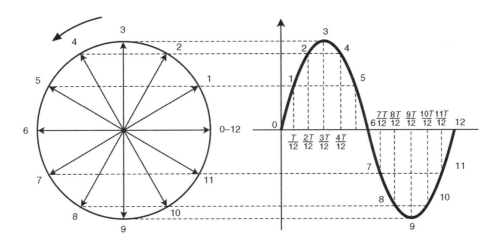

Figura 16.2 Onda senoidal de período T, representada em um sistema de coordenadas retangulares.

O semi-eixo horizontal positivo é geralmente tomado como referência para a marcação do ângulo de defasagem entre os fasores. Uma vez que os fasores giram no sentido anti-horário, os ângulos que estão em acordo com esse sentido são positivos; os ângulos tomados em sentido contrário a esta convenção são negativos, como mostra a Figura 16.3.

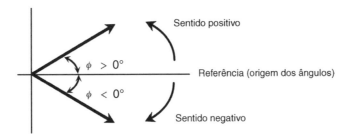

Figura 16.3 Determinação do sinal do ângulo tomado com relação à referência.

Para um circuito resistivo puro, de que já tratamos no Capítulo 13, os fasores de tensão e de corrente estão em fase e são representados tal como se vê na Figura 16.4.

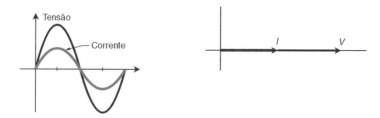

Figura 16.4 Corrente e tensão em um circuito resistivo puro, com a representação no diagrama de fasores.

Para os circuitos indutivo e capacitivo puros, os fasores de tensão e de corrente são representados tal como mostram as Figuras 16.5 e 16.6, sendo φ (phi) a letra grega que designa o ângulo de defasagem entre eles.

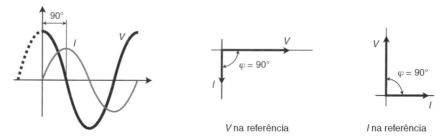

Figura 16.5 Defasagem entre a tensão e a corrente em um circuito indutivo puro, com os respectivos diagramas fasoriais.

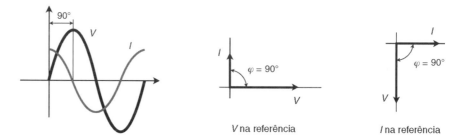

Figura 16.6 Defasagem entre a tensão e a corrente em um circuito capacitivo puro, com os diagramas fasoriais correspondentes.

Nas Figuras 16.5 e 16.6, $\varphi = 90°$ em todos os casos. No circuito indutivo puro, a corrente está 90° atrasada em relação à tensão. No circuito capacitivo puro, a corrente está 90° adiantada relativamente à tensão. Como φ representa o ângulo de defasagem entre corrente e tensão, não é conveniente atribuir-lhe sinal.

16.3 USO DOS NÚMEROS COMPLEXOS EM ELETRICIDADE

Em Eletricidade, a parte real dos números complexos é associada às resistências e à potência ativa. Às reatâncias e à potência reativa se atribui a parte imaginária dos números complexos. Uma reatância indutiva é, por convenção, designada por $+jX_L$. Por ter efeito oposto ao da reatância indutiva, a reatância capacitiva é designada por $-jX_C$.

A resistência elétrica sempre será um número real e positivo. Multiplicar um fasor por j é o mesmo que fazê-lo girar adiantando-se 90° em relação ao ângulo de origem; a multiplicação de um fasor por $-j$ atrasa-o 90° em relação à sua posição original, como mostra a Figura 16.7.

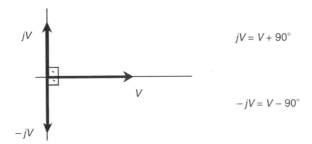

Figura 16.7 Multiplicação de um fasor V por j e por $-j$.

A potência ativa é um número real e sempre positivo. A potência reativa é imaginária e positiva, designada por $+jQ$ se a reatância que lhe deu origem for indutiva; é imaginária e negativa em se tratando de uma reatância capacitiva, designada por $-jQ$. O ângulo de defasagem entre a corrente e a tensão da fonte continua designado pela letra grega φ.

16.4 CIRCUITOS EM SÉRIE EM CORRENTE ALTERNADA

Em um circuito de corrente alternada que contém um resistor, um indutor e um capacitor em série, o estudo é feito após o cálculo das reatâncias indutiva e capacitiva.

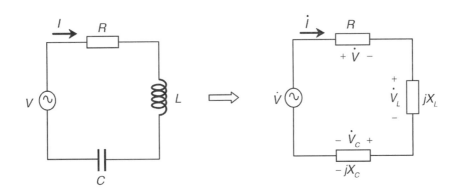

Figura 16.8 Circuito de corrente alternada com componentes associados em série.

As propriedades básicas de um circuito em série não sofrem modificações quando estão presentes resistores, indutores e capacitores. Contudo, é necessário utilizar números complexos para se considerar o comportamento específico de cada um desses elementos no circuito de corrente alternada. Observe a Figura 16.8:

(a) uma vez calculadas as reatâncias, a impedância do circuito terá sempre a seguinte forma:

$$Z = R + jX_L - jX_C \tag{16.1}$$

O módulo e o argumento (fase) da impedância Z são obtidos fazendo-se, respectivamente:

$$Z = \sqrt{R^2 + (X_L - X_C)^2} \tag{16.2}$$

$$\varphi = \operatorname{arctg} \frac{X_L - X_C}{R} \tag{16.3}$$

A representação gráfica da impedância resulta no *triângulo da impedância*, representado na Figura 16.9.

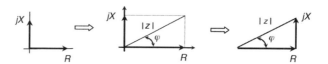

Figura 16.9 Obtenção do triângulo da impedância.

em que:

$$R = |Z| \cdot \cos \varphi \tag{16.4}$$

$$X = |Z| \cdot \operatorname{sen} \varphi, \tag{16.5}$$

sendo $X = X_L - X_C$.

O argumento da impedância do circuito em série coincide com o ângulo de defasagem φ.

(b) a corrente que flui através do circuito, fornecida pela fonte, é a mesma em qualquer um de seus elementos:[1]

$$\dot{I} = \dot{I}_R = \dot{I}_L = \dot{I}_C \tag{16.6}$$

Esta corrente é obtida através da lei de Ohm, que no caso é escrita da seguinte maneira:

$$\dot{I} = \frac{\dot{V}}{Z} \tag{16.7}$$

(c) as tensões individuais são obtidas pela lei de Ohm:

$$\dot{V} = R \cdot \dot{I} \tag{16.8a}$$

$$\dot{V}_L = jX_L \cdot \dot{I} \tag{16.8b}$$

$$\dot{V}_C = -jX_C \cdot \dot{I} \tag{16.8c}$$

(d) a soma fasorial das tensões individuais resultará na tensão aplicada pela fonte:[2]

$$\dot{V} = \dot{V}_R + \dot{V}_L + \dot{V}_C \tag{16.9}$$

Sendo nulo o efeito de qualquer elemento R, L ou C no circuito, retira-se das equações o termo correspondente.

16.5 CIRCUITOS DE CORRENTE ALTERNADA COM COMPONENTES EM PARALELO

Os equipamentos elétricos são geralmente ligados em paralelo aos terminais das fontes de tensão alternada.

Quanto às propriedades dos circuitos de corrente alternada com componentes associados em paralelo, são válidas as mesmas observações feitas para os circuitos em série.

Considere o circuito da Figura 16.10:

---

[1] Tensões e correntes são fasores, porém resistências e reatâncias não o são (estas últimas não são senoidais nem variam com o tempo). Para representar um fasor, é usual colocar um ponto em cima da variável respectiva.

[2] A partir deste capítulo, os valores das correntes e das tensões serão considerados **eficazes**, a menos que haja especificação em contrário. Não será mais utilizado o subscrito *ef*.

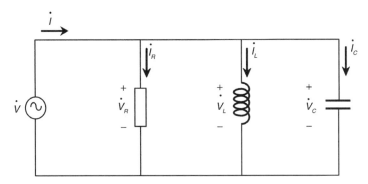

Figura 16.10 Circuito de corrente alternada com componentes associados em paralelo.

As propriedades são as seguintes:

(a) cada elemento em paralelo fica submetido à mesma tensão da fonte. No caso,

$$\dot{V} = \dot{V}_R = \dot{V}_L = \dot{V}_C \qquad (16.10)$$

(b) determinadas as reatâncias, obtêm-se as correntes individuais pela lei de Ohm:

$$\dot{I}_R = \frac{\dot{V}}{R} \qquad (16.11a)$$

$$\dot{I}_L = \frac{\dot{V}}{jX_L} \qquad (16.11b)$$

$$\dot{I}_C = \frac{\dot{V}}{-jX_C} \qquad (16.11c)$$

(c) a corrente total fornecida pela fonte é igual à soma fasorial das correntes individuais:

$$\dot{I} = \dot{I}_R + \dot{I}_L + \dot{I}_C \qquad (16.12)$$

(d) a impedância do circuito pode ser calculada de dois modos.

- Pela lei de Ohm:

$$Z = \frac{\dot{V}}{\dot{I}} \qquad (16.13)$$

- Pela resolução da seguinte equação dos inversos:

$$\frac{1}{Z} = \frac{1}{R} + \frac{1}{jX_L} - \frac{1}{jX_C} \quad \text{ou}$$

$$\frac{1}{Z} = \frac{1}{R} + \frac{j}{j \cdot jX_L} - \frac{j}{j \cdot jX_C}$$

$$\frac{1}{Z} = \frac{1}{R} - \frac{j}{X_L} + \frac{j}{X_C} \qquad (16.14)$$

Se o efeito de um elemento qualquer for desprezível, retira-se das equações o termo correspondente.

16.6 FATOR DE POTÊNCIA

Em um circuito de corrente alternada, o **fator de potência** é o co-seno do ângulo de defasagem φ entre a corrente e a tensão da fonte:

$$\text{fator de potência} = \cos (\overset{\frown}{V, I}) = \cos \varphi \tag{16.15}$$

O fator de potência pode ser expresso em número decimal (o simples resultado da extração do co-seno) ou em porcentagem (em que se multiplica o resultado do co-seno por 100).

Para um circuito resistivo, $\varphi = 0°$. Como cos 0° = 1, então o fator de potência desse tipo de circuito é unitário.

Em um circuito indutivo puro, $\varphi = 90°$. Decorre que cos 90° = zero, e disso resulta que o fator de potência em um circuito indutivo puro é zero. Para um circuito capacitivo puro, o fator de potência também é zero.

Para especificar o tipo de circuito, deve-se acrescentar, junto ao valor do fator de potência, o termo *capacitivo* ou *indutivo*. Os circuitos resistivos não precisam de especificação complementar, já que somente eles têm cos $\varphi = 1$.

16.7 POTÊNCIAS ATIVA, REATIVA E APARENTE

As potências ativa e reativa em cada componente individual podem ser calculadas com o uso das fórmulas a seguir.

(a) Para resistores:

$$P = V \cdot I \tag{4.5}$$

$$P = R \cdot I^2 \tag{4.6}$$

$$P = \frac{V^2}{R} \tag{4.7}$$

(b) Para indutores e capacitores:

$$Q = V \cdot I \tag{16.16}$$

$$Q = X \cdot I^2 \tag{16.17}$$

$$Q = \frac{V^2}{X} \tag{16.18}$$

Para consideração dos efeitos de todos os resistores e reatâncias presentes no circuito, as potências relativas aos mesmos estão relacionadas pela seguinte expressão:

$$\dot{S} = P + jQ \tag{16.19}$$

sendo
$\dot{S}$: potência aparente, em *volts-ampères* (VA);
P: potência ativa, em watts (W);
Q: potência reativa, em *volts-ampères reativos* (*vars*).

Na forma polar:

$$\dot{S} = |\dot{S}| \underline{/\varphi} \tag{16.20},$$

sendo:

$$|\dot{S}| = \sqrt{P^2 + Q^2}$$

$$\varphi = \text{arctg} \, \frac{Q}{P}$$

A representação gráfica de $\dot{S}$, P e Q resulta no *triângulo de potências*, ilustrado na Figura 16.11.

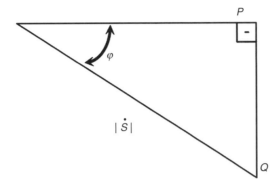

Figura 16.11 Triângulo de potências.

Do triângulo de potências decorre que:

$$\cos \varphi = \frac{P}{|\dot{S}|}$$

$$\operatorname{sen} \varphi = \frac{Q}{|\dot{S}|}$$

$$\operatorname{tg} \varphi = \frac{Q}{P}$$

Com

$$|\dot{S}| = |\dot{V}| \cdot |\dot{I}| \qquad (16.21)$$

obtemos:

$$P = |\dot{V}| \cdot |\dot{I}| \cdot \cos \varphi$$

$$P = V \cdot I \cdot \cos \varphi \qquad (16.22)$$

$$Q = |\dot{V}| \cdot |\dot{I}| \cdot \operatorname{sen} \varphi$$

$$Q = V \cdot I \cdot \operatorname{sen} \varphi \qquad (16.23)$$

Outra maneira de se calcular a potência aparente é fazer:

$$\dot{S} = \dot{V} \cdot \dot{I}^* \qquad (16.24)$$

sendo $\dot{I}^*$ o conjugado da corrente.[3]

16.8 EXERCÍCIOS RESOLVIDOS

1. Para o circuito a seguir, obtenha: (a) a corrente fornecida pela fonte; (b) o diagrama fasorial da tensão e da corrente da fonte; (c) o fator de potência; (d) a potência ativa; (e) a potência reativa; (f) a potência aparente, na forma polar.

---

[3] As Equações 16.21, 16.22 e 16.23 contêm o módulo da tensão e da corrente. Na Equação 16.24 a tensão e a corrente são fasores, devendo-se considerar o argumento desses parâmetros.

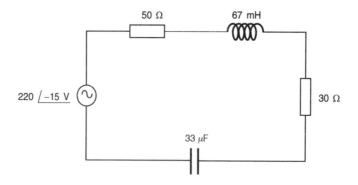

Solução:

A determinação das reatâncias:

$$X_L = 2\pi f L = 2 \cdot \pi \cdot 60 \cdot 0{,}067 = 25{,}26 \ \Omega$$

$$jX_L = j25{,}26 \ \Omega$$

$$X_C = \frac{1}{2\pi f C} = \frac{1}{2\cdot \pi \cdot 60 \cdot 33 \cdot 10^{-6}} = 80{,}38$$

$$-jX_C = -j80{,}38 \ \Omega$$

Para se determinar a impedância, somam-se os valores dos componentes da mesma espécie:

$$Z = (50+30) + j(25{,}26 - 80{,}38) = 80 - j55{,}12$$

$$Z = \sqrt{80^2 + (-55{,}12)^2} = \sqrt{9439} = 97{,}15 \ \Omega$$

$$\varphi = \text{arctg}\,\frac{X_L - X_C}{R} = \text{arctg}\,\frac{-55{,}12}{80} = \text{arctg}\,(-0{,}689)$$

$$\varphi = -34{,}57°$$

$$Z = 97{,}15\ \underline{/-34{,}57°}\ \Omega$$

(a)
$$\dot{I} = \frac{\dot{V}}{Z}$$

$$\dot{I} = \frac{220\ \underline{/-15°}}{97{,}15\ \underline{/-34{,}57°}} = 2{,}264\ \underline{/+19{,}57°}\ \text{A}$$

(b) o diagrama fasorial mostra também o ângulo de defasagem φ, que é igual ao ângulo da impedância:

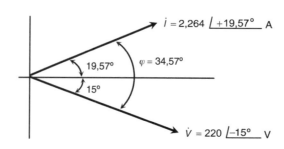

(c)
$$\cos \varphi = \cos 34{,}57°$$

$$\cos \varphi = 0{,}823 \text{ capacitivo}$$

(d)
$$P = V \cdot I \cdot \cos \varphi$$
$$P = 220 \cdot 2{,}264 \cdot \cos 34{,}57°$$
$$P = 410 \text{ W}$$

(e)
$$Q = V \cdot I \cdot \text{sen } \varphi$$
$$Q = 220 \cdot 2{,}264 \cdot \text{sen } 34{,}57°$$
$$Q = -282{,}6 \text{ var} \qquad \text{(sinal negativo por convenção)}$$

(f)
$$\dot{S} = P + jQ$$

(g)
$$\dot{S} = 410 - j282{,}6$$
$$|\dot{S}| = \sqrt{410^2 + (-282{,}6)^2} = 498 \text{ VA}$$
$$\varphi = \text{arctg} \frac{Q}{P} = \text{arctg} \frac{-282{,}6}{410} = \text{arctg}(-0{,}689) = -34{,}57°$$
$$\dot{S} = 498\,\underline{/-34{,}57°}\text{ VA}$$

Outro método:
$$\dot{S} = \dot{V} \cdot \dot{I}^*$$
sendo
$$\dot{I} = 2{,}264\,\underline{/19{,}57°}\text{ A}$$
$$\dot{I}^* = 2{,}264\,\underline{/-19{,}57°}\text{ A}$$
$$\dot{S} = 220\,\underline{/-15°} \cdot 2{,}264\,\underline{/-19{,}57°}$$
$$\dot{S} = 498\,\underline{/-34{,}57°}\text{ VA}$$

Observe que o ângulo de fase da potência aparente do circuito também é igual ao ângulo de defasagem φ.

2. Em um determinado circuito, o módulo da impedância vale 17,513 Ω e a reatância capacitiva, –j5,882 Ω. Sabendo que se trata de um circuito em série, determine o valor da resistência e o ângulo de fase φ.

Solução:

Do triângulo da impedância:

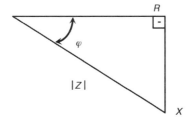

Pelo teorema de Pitágoras:
$$|Z|^2 = R^2 + X_C^2$$
$$R^2 = |Z|^2 - X_C^2$$
$$R = \sqrt{17{,}513^2 - (-5{,}882)^2} = \sqrt{272{,}11} = \boxed{16{,}50 \, \Omega}$$
$$\varphi = \text{arctg} \frac{-5{,}882}{16{,}50} = \boxed{-19{,}62°}$$

3. Por um indutor puro flui uma corrente de 65 mA – 60 Hz e nesta condição ele consome 8,26 Var. Calcule a tensão aplicada ao indutor, bem como sua indutância.

Solução:

Na condição de indutor puro, é possível utilizar somente os módulos da tensão e da corrente:

$$Q = V \cdot I$$
$$8,26 = V \cdot 0,065$$
$$\boxed{V = 127,1 \text{ V}}$$
$$X_L = \frac{V}{I} = \frac{127,1}{0,065} = 1955 \text{ } \Omega$$
$$X_L = 2\pi f L$$
$$1955 = 2 \cdot \pi \cdot 60 \cdot L$$
$$\boxed{L = 5,186 \text{ H}}$$

4. Calcule as correntes e as tensões nos indutores do circuito a seguir.

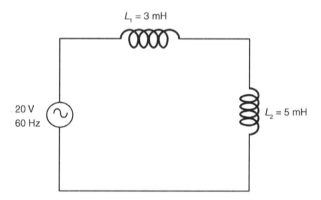

Solução:

Determinando-se as reatâncias indutivas tem-se:

$$X_{L1} = 2\pi f L_1 = 2 \cdot \pi \cdot 60 \cdot 0,003 = 1,131 \text{ } \Omega$$
$$X_{L2} = 2\pi f L_2 = 2 \cdot \pi \cdot 60 \cdot 0,005 = 1,885 \text{ } \Omega$$
$$Z = R + jX_L$$
$$Z = 0 + j(1,131 + 1,885) = \boxed{j3,016 \text{ } \Omega}$$

Colocando a tensão da fonte na referência para calcular a corrente tem-se:

$$\dot{I} = \frac{\dot{V}}{Z}$$
$$\dot{I} = \frac{20\underline{/0°}}{3,016\underline{/90°}} = 6,631\underline{/-90°} \text{ A}$$

A corrente fornecida pela fonte é igual àquela que flui através dos indutores:

$$\boxed{\dot{I} = \dot{I}_1 = \dot{I}_2 = 6,631\underline{/-90°} \text{ A}}$$

Segue-se o cálculo das tensões individuais:

$$\dot{V}_1 = jX_{L1} \cdot \dot{I}_1 = 1,131\underline{/90°} \cdot 6,631\underline{/-90°} = \boxed{7,5\underline{/0°}} \text{ V}$$
$$\dot{V}_2 = jX_{L2} \cdot \dot{I}_2 = 1,885\underline{/90°} \cdot 6,631\underline{/-90°} = \boxed{12,5\underline{/0°}} \text{ V}$$

Somando-se $\dot{V}_1$ com $\dot{V}_2$, obtém-se 20 V, que é a tensão aplicada pela fonte.

5. Um circuito de corrente alternada tem um resistor de 50 Ω em paralelo com uma bobina, cuja reatância indutiva é $j30,5$ Ω. Determine a impedância desse circuito.

Solução:

$$\frac{1}{Z} = \frac{1}{R} + \frac{1}{jX_L}$$

$$\frac{1}{Z} = \frac{1}{50} + \frac{1}{j30,5} = \frac{1}{50} - \frac{j}{30,5} = \frac{1 - j1,6393}{50}$$

$$Z = \frac{50}{1 - j1,6393} = \frac{50\underline{/0°}}{1,920\underline{/-58,62°}} = 26,04\underline{/58,62°}\ \Omega$$

Como há somente dois componentes em paralelo, pode-se também utilizar a *regra do produto pela soma*:

$$Z = \frac{50 \cdot j30,5}{50 + j30,5} = \frac{1525\underline{/90°}}{58,57\underline{/31,38°}} = 26,04\underline{/58,62°}\ \Omega$$

6. Um resistor de 80 Ω e um capacitor cuja reatância é igual a $-j55$ Ω são ligados em paralelo a uma fonte de tensão alternada de $127\underline{/+30°}$ V – 60 Hz. Determine: (a) a corrente fornecida pela fonte; (b) o diagrama fasorial que contém a tensão e a corrente da fonte, bem como o ângulo de defasagem φ; (c) o fator de potência do circuito; (d) a impedância do circuito; (e) o diagrama fasorial mostrando as correntes dos componentes e da fonte; (f) a potência aparente, na forma polar.

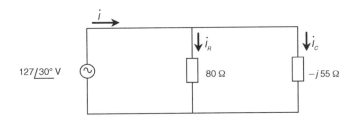

Solução:

(a)
$$\dot{I}_R = \frac{\dot{V}}{R} = \frac{127\underline{/30°}}{80} = 1,588\underline{/30°}\ A = (1,375 + j0,794)A$$

$$\dot{I}_C = \frac{\dot{V}}{-jX_C} = \frac{127\underline{/30°}}{55\underline{/-90°}} = 2,309\underline{/120°}\ A = (-1,155 + j2)A$$

$$\dot{I} = \dot{I}_R + \dot{I}_C$$

$$\dot{I} = -1,155 + j2 + 1,375 + j0,794 = 0,220 + j2,794$$

$$\dot{I} = 2,803\underline{/85,50°}\ A$$

(b)

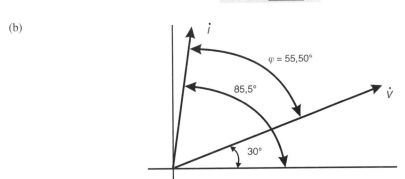

(c)
$$\cos \varphi = \cos 55,50° = 0,566\ \text{capacitivo}$$

(d)
$$Z = \frac{\dot{V}}{\dot{I}} = \frac{127\underline{/30°}}{2,803\underline{/85,50°}} = 45,31\underline{/-55,50°}\ \Omega$$

(e)

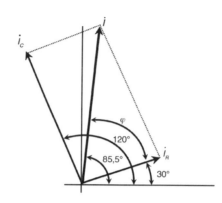

(f)
$$\dot{S} = \dot{V} \cdot \dot{I}^*$$

$$\dot{S} = 127\underline{/30°} \cdot 2{,}803\underline{/-85{,}50°}$$

$$\boxed{\dot{S} = 356{,}0\underline{/-55{,}50°} \text{ VA}}$$

O ângulo φ coincide com o ângulo da impedância do circuito e com o ângulo da potência aparente.

16.9 EXERCÍCIOS PROPOSTOS

1. Associa-se em série um indutor, um resistor e um capacitor. Em seguida, esses elementos são conectados a uma fonte de tensão alternada senoidal, conforme mostra a figura.

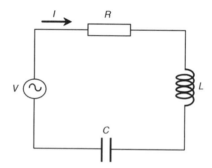

Assinale **V** se a sentença for verdadeira e **F** se for falsa, justificando sua resposta:
( ) a. A impedância do circuito é obtida fazendo-se a soma algébrica dos valores em Ω da resistência e das reatâncias.
( ) b. O ângulo de defasagem φ entre a corrente e a tensão da fonte é igual ao argumento da impedância.
( ) c. A corrente no resistor é igual à corrente no capacitor.
( ) d. A soma dos módulos dos fasores respectivos às tensões nos elementos limitadores de corrente resultará no módulo da tensão aplicada pela fonte.
( ) e. Se, neste circuito, $X_C > X_L$, então, no triângulo da impedância do circuito, $X = X_C - X_L$ e $jX = -jX_C + jX_L$ é imaginária e negativa.
( ) f. Ainda com relação ao triângulo da impedância, é verdade que sen $\varphi = R / |Z|$.
( ) g. A resistência R do circuito pode ser negativa.

2. Considere o seguinte circuito:

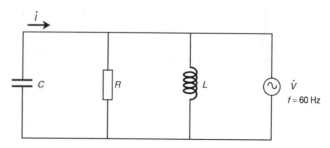

Assinale **V** se a sentença for verdadeira e **F** se for falsa, justificando sua resposta:

( ) a. A impedância do circuito é obtida fazendo-se $Z = R + jX_L - jX_C$

( ) b. Para esse tipo de circuito, pode-se construir o triângulo da impedância com os valores dos componentes em paralelo, tal como nos circuitos em série.

( ) c. Para esse tipo de circuito, é possível calcular o fator de potência e as potências ativa, reativa e aparente (do circuito), como nos circuitos em série.

( ) d. A tensão aplicada no indutor é, em módulo e fase, igual à tensão da fonte.

( ) e. Se $X_L > X_C$, então o fator de potência do circuito é indutivo.

( ) f. Se a freqüência da tensão da fonte for mudada para 50 Hz, a corrente no resistor não sofrerá alteração; o mesmo não se pode dizer da corrente no capacitor, que será alterada em módulo, apenas.

3. Para os circuitos a seguir, calcule: (a) a corrente em cada um dos elementos; (b) a tensão em cada um dos elementos; (c) a impedância do circuito; (d) as potências ativa, reativa e aparente; (e) o fator de potência.

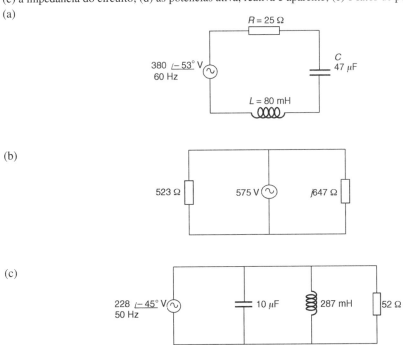

4. Calcule as correntes e as tensões em cada um dos elementos dos seguintes circuitos:

(a)
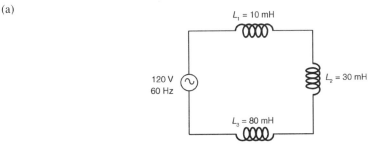

(b)
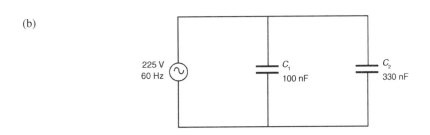

5. No circuito a seguir, a corrente na reatância capacitiva é igual a 4,1 $\underline{/-17°}$ A. Determine: (a) a tensão no resistor; (b) a tensão $\dot{V}$ da fonte; (c) as potências individuais dos componentes; (d) um diagrama fasorial mostrando a tensão e a corrente da fonte.

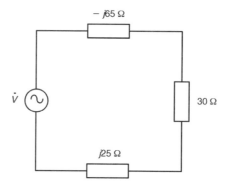

6. No circuito a seguir, a corrente na reatância indutiva vale 3,88 $\underline{/-61°}$ A. Determine a tensão e a corrente fornecida pela fonte.

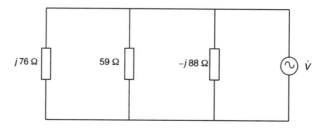

CAPÍTULO 17

CIRCUITOS MISTOS DE CORRENTE ALTERNADA COM RESISTÊNCIA, INDUTÂNCIA E CAPACITÂNCIA

17.1 RECOMENDAÇÕES PARA RESOLUÇÃO DE CIRCUITOS MISTOS DE CORRENTE ALTERNADA

Para resolver circuitos elétricos contendo associações mistas de resistores, indutores e capacitores ligados a uma fonte de tensão alternada, é necessário conhecermos as propriedades das associações em série e em paralelo desses componentes, bem como as leis de Kirchhoff. Estes assuntos foram abordados nos Capítulos 6 e 16. Veja a seguir um resumo das convenções, bem como algumas recomendações que poderão facilitar o cálculo desses tipos de circuitos:

- para somar ou subtrair dois números complexos, estes deverão estar em forma algébrica; para multiplicá-los ou dividi-los, será menos trabalhoso se eles estiverem na forma polar;
- são designadas por número imaginário puro positivo a reatância indutiva e a potência reativa decorrente de indutores no circuito;
- são designadas por número imaginário puro negativo a reatância capacitiva e a potência reativa relativa à presença de capacitores no circuito;
- não pode ter valor negativo a resistência, bem como a potência (ativa) consumida pela mesma;
- o ângulo de defasagem φ pode ser obtido através da impedância equivalente do circuito, quando não estiver explícita a relação entre a corrente e a tensão da fonte;
- as potências ativa, reativa e aparente são calculadas pelas seguintes expressões, seja para o circuito todo ou para parte dele:

$$P = V \cdot I \cdot \cos \varphi \tag{16.22}$$

$$Q = V \cdot I \cdot \operatorname{sen} \varphi \tag{16.23}$$

$$\dot{S} = \dot{V} \cdot \dot{I}^* \tag{16.24}$$

No caso, a tensão, a corrente e o ângulo φ devem corresponder à parte do circuito cuja potência se deseja obter.

Nas Equações 16.22 e 16.23, a tensão e a corrente estão em módulo. Na Equação 16.24, a tensão e a corrente são fasores, devendo ser considerados os argumentos desses parâmetros.

O conhecimento deste assunto será alcançado se for entendida a lógica do problema; o desenvolvimento do raciocínio requer a prática, com a resolução de vários exercícios.

17.2 EXERCÍCIOS RESOLVIDOS

1. Calcule as tensões e as correntes em todos os componentes do seguinte circuito:

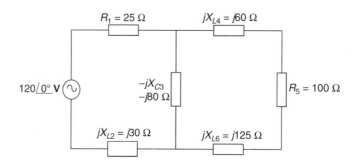

Solução:

Uma vez que há componentes em série com a fonte, o primeiro passo é calcular a corrente fornecida pela mesma.
A determinação da impedância total:

- jX_{L4}, R_5 e jX_{L6} em série:

$$Z' = jX_{L4} + R_5 + jX_{L6}$$

$$Z' = j60 + 100 + j125 = 100 + j185 = 210{,}3\underline{/61{,}61°}\ \Omega$$

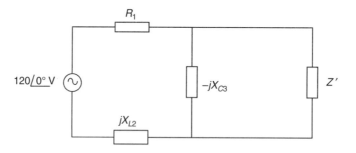

- Z' em paralelo com $-jX_{C3}$:

$$Z'' = \frac{80\underline{/-90°} \cdot 210{,}3\underline{/61{,}61°}}{-j80 + 100 + j185} = \frac{16824\underline{/-28{,}39°}}{145\underline{/46{,}40°}} = 116{,}03\underline{/-74{,}79°}\ \Omega$$

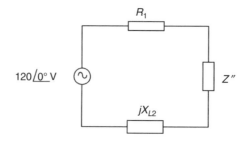

- R_1, jX_{L2} e Z'' em série:

$$Z_{eq} = 25 + j30 + 116{,}03\underline{/-74{,}79°} = 25 + j30 + 30{,}44 - j111{,}96$$

$$Z_{eq} = 55{,}44 - j81{,}96$$

$$\boxed{Z_{eq} = 98{,}95\underline{/-55{,}92°}\ \Omega}$$

Para o cálculo da corrente fornecida pela fonte, adota-se ângulo zero para a tensão da fonte:

$$\dot{I} = \frac{\dot{V}}{Z_{EQ}} = \frac{120\ \underline{/0°}}{98,95\ \underline{/-55,92°}} = 1,213\ \underline{/55,92°}\ \text{A}$$

Então:

$$\dot{I} = \dot{I}_1 = \dot{I}_2 = 1,213\ \underline{/55,92°}\ \text{A}$$

A tensão nos componentes **1** e **2** do circuito:

$$\dot{V}_1 = R_1 \cdot \dot{I}_1 = 25 \cdot 1,213\ \underline{/55,92°} = 30,325\ \underline{/55,92°}\ \text{V}$$

$$\dot{V}_2 = jX_{L2} \cdot \dot{I}_2 = 30\ \underline{/90°} \cdot 1,213\ \underline{/55,92°} = 36,39\ \underline{/145,92°}\ \text{V}$$

A lei das malhas para se determinar $\dot{V}_3$:

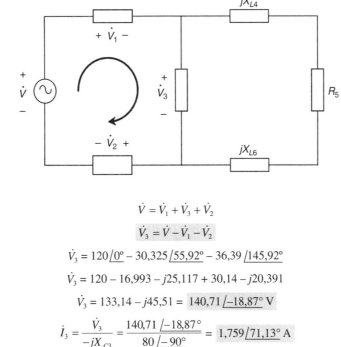

$$\dot{V} = \dot{V}_1 + \dot{V}_3 + \dot{V}_2$$

$$\dot{V}_3 = \dot{V} - \dot{V}_1 - \dot{V}_2$$

$$\dot{V}_3 = 120\ \underline{/0°} - 30,325\ \underline{/55,92°} - 36,39\ \underline{/145,92°}$$

$$\dot{V}_3 = 120 - 16,993 - j25,117 + 30,14 - j20,391$$

$$\dot{V}_3 = 133,14 - j45,51 = 140,71\ \underline{/-18,87°}\ \text{V}$$

$$\dot{I}_3 = \frac{\dot{V}_3}{-jX_{C3}} = \frac{140,71\ \underline{/-18,87°}}{80\ \underline{/-90°}} = 1,759\ \underline{/71,13°}\ \text{A}$$

A lei das correntes para se determinar $\dot{I}_4$:

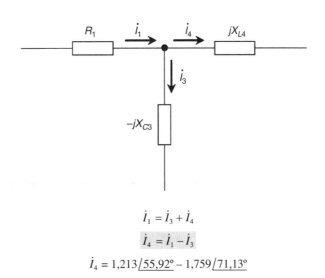

$$\dot{I}_1 = \dot{I}_3 + \dot{I}_4$$

$$\dot{I}_4 = \dot{I}_1 - \dot{I}_3$$

$$\dot{I}_4 = 1,213\ \underline{/55,92°} - 1,759\ \underline{/71,13°}$$

$$\dot{I}_4 = 0,680 + j1,005 - 0,569 - j1,664$$

$$\dot{I}_4 = 0,6683 \,\underline{/-80,44°}\, \text{A}$$

$$\dot{I}_5 = \dot{I}_6 = 0,6683 \,\underline{/-80,44°}\, \text{A}$$

$$\dot{V}_4 = jX_{L4} \cdot \dot{I}_4 = 60\underline{/90°} \cdot 0,6683\,\underline{/-80,44°} = 40,10\,\underline{/9,56°}\, \text{V}$$

$$\dot{V}_5 = R_5 \cdot \dot{I}_5 = 100 \cdot 0,6683 \,\underline{/-80,44°} = 66,83\,\underline{/-80,44°}\, \text{V}$$

$$\dot{V}_6 = jX_{L6} \cdot \dot{I}_6 = 125\,\underline{/90°} \cdot 0,6683\,\underline{/-80,44°} = 83,54\,\underline{/9,56°}\, \text{V}$$

2. No circuito a seguir cada ramo do circuito representa uma carga ligada à rede. Pede-se:

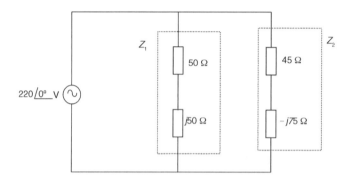

(a) a potência ativa nos dois ramos do circuito;
(b) a potência reativa nos dois ramos do circuito;
(c) a potência ativa total;
(d) a potência reativa total;
(e) o fator de potência em cada ramo do circuito;
(f) o fator de potência do circuito.

Solução:

Fazendo-se:

$$Z_1 = 50 + j50 = 70,71\,\underline{/45°}\,\Omega$$

$$Z_2 = 45 - j75 = 87,46\,\underline{/-59,04°}\,\Omega$$

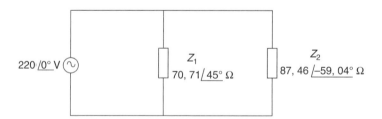

No ramo que contém Z_1:

$$\dot{I}_1 = \frac{\dot{V}}{Z_1} = \frac{220°\,\underline{/0°}}{70,71\,\underline{/45°}} = 3,111\,\underline{/-45°}\,\text{A}$$

$$P_1 = V_1 \cdot I_1 \cdot \cos \varphi_1$$

$$P_1 = 220 \cdot 3,111 \cdot \cos 45° = \boxed{484\,\text{W}}$$

$$Q_1 = V_1 \cdot I_1 \cdot \operatorname{sen} \varphi_1$$

$$Q_1 = 220 \cdot 3,111 \cdot \operatorname{sen} 45° = \boxed{484\,\text{var}}$$

$$\cos \varphi_1 = \cos 45° = \boxed{0,707\,\text{indutivo}}$$

No ramo que contém Z_2:

$$\dot{I}_2 = \frac{\dot{V}}{Z_2} = \frac{220\ \underline{/0°}}{87,46\ \underline{/-59,04°}} = 2,515\ \underline{/59,04°}\ A$$

$$P_2 = V_2 \cdot I_2 \cdot \cos \varphi_2$$

$$P_2 = 220 \cdot 2,515 \cdot \cos 59,04° = 284,7\ W$$

$$Q_2 = V_2 \cdot I_2 \cdot \text{sen } \varphi_2$$

$$Q_2 = 220 \cdot 2,515 \cdot \text{sen } 59,04° = -474,5\ var$$

$$\cos \varphi_2 = \cos 59,04° = 0,514\ \text{capacitivo}$$

Para se considerar todo o circuito, calcula-se a corrente fornecida pela fonte:

$$\dot{I} = \dot{I}_1 + \dot{I}_2$$

$$\dot{I} = 3,111\ \underline{/-45°} + 2,515\ \underline{/59,04°}\ A$$

$$\dot{I} = 2,200 - j2,200 + 1,294 + j2,157$$

$$\dot{I} = 3,494 - j0,043 = 3,494\ \underline{/-0,71°}\ A$$

$$P = V \cdot I \cdot \cos \varphi$$

$$P_1 = 220 \cdot 3,494 \cdot \cos 0,71° = 768,7\ W$$

$$Q = V \cdot I \cdot \text{sen } \varphi$$

$$Q_1 = 220 \cdot 3,494 \cdot \text{sen } 0,71° = 9,5\ var$$

$$\cos \varphi = \cos 0,71° \cong 1$$

De fato,

$$P = P_1 + P_2 = 484 + 284,7 = 768,7\ W$$

$$Q = Q_1 + Q_2 = 484 - 474,5 = 9,5\ var$$

17.3 EXERCÍCIOS PROPOSTOS

1. Calcule as tensões e as correntes em todos os componentes do seguinte circuito:

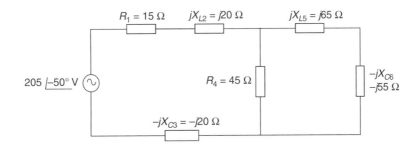

2. Para o circuito a seguir, calcule, visto pela fonte: (a) o fator de potência; (b) a potência ativa; (c) a potência reativa; (d) a potência aparente (na forma polar); (e) a impedância equivalente (na forma polar):

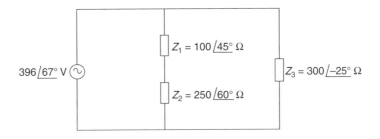

3. Calcule a tensão $\dot{V}$ da fonte, se $\dot{I}_4 = 0{,}04\,\underline{/40°}$ A:

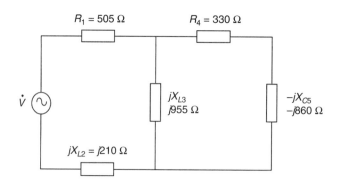

4. O circuito a seguir representa a instalação elétrica de uma residência, sendo Z_1 a impedância da fiação:

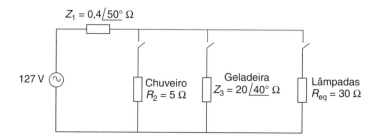

(a) Quando todos os equipamentos estiverem ligados, calcule a potência ativa, a potência reativa, o fator de potência e as perdas na fiação.
(b) Nas condições do item (a), qual a tensão nas lâmpadas? Elas terão brilho normal?
(c) Repita o item (a), se somente a geladeira estiver ligada.

CAPÍTULO 18

CIRCUITOS TRIFÁSICOS EQUILIBRADOS

18.1 SISTEMAS POLIFÁSICOS

Sistema polifásico é aquele que contém dois ou mais circuitos elétricos, cada qual com sua fonte de tensão alternada. Essas tensões têm a mesma freqüência e estão defasadas entre si um ângulo definido. Cada circuito do sistema constitui uma fase. Um sistema é **simétrico** quando as tensões do sistema polifásico de n fases têm o mesmo módulo, se dispõem em seqüência e estão defasadas, uma da outra, $1/n$ do período (1 período = 360°).

Um sistema polifásico em que, em cada fase, as correntes e o fator de potência têm o mesmo valor é chamado **sistema equilibrado**. Se a corrente ou o fator de potência de pelo menos uma das fases for diferente do das demais, trata-se de um **sistema desequilibrado**.

Diversos sistemas polifásicos foram estudados. Os cientistas chegaram à conclusão de que o **sistema trifásico** é o mais econômico. Em um sistema trifásico simétrico, as tensões estão defasadas entre si de 120° (1/3 de 360° corresponde a 120°).

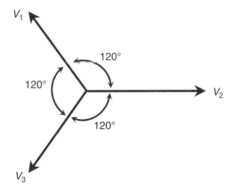

Figura 18.1 Sistema trifásico simétrico.

O sistema trifásico foi criado em 1890 por Nikola Tesla, cientista de origem sérvia, e passou a ser utilizado em 1896. Suas vantagens em relação ao sistema monofásico são as seguintes:

- Entre motores e geradores do mesmo tamanho, os trifásicos têm maior potência que os monofásicos.
- As linhas de transmissão trifásicas empregam menos material que as monofásicas para transportarem a mesma potência elétrica.
- Os motores trifásicos têm um conjugado uniforme, enquanto os monofásicos comuns têm conjugado pulsante.

- Os motores trifásicos podem partir sem meio auxiliar, o que não acontece com os motores monofásicos comuns.
- Os circuitos trifásicos proporcionam flexibilidade na escolha das tensões e podem ser utilizados para alimentar cargas monofásicas.

18.2 SEQÜÊNCIA DE FASES

Será convencionado que os fasores representativos das tensões e correntes alternadas trifásicas giram no sentido anti-horário, como indicam as Figuras 18.2 e 18.3.

Seqüência de fases é a ordem em que os fasores se sucedem, em sentido anti-horário, a partir do eixo de referência. Designando-se as fases por **A**, **B** e **C**, há duas possibilidades:

1. Seqüência **ABC** ou positiva: os fasores giram em sentido anti-horário, na seguinte ordem: fasor **A**, fasor **B**, fasor **C** (Figura 18.2.a); na Figura 18.2.b, a seqüência é **AB**, **BC**, **CA**:

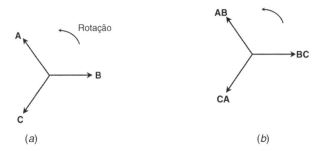

Figura 18.2 Seqüência de fases positiva ou **ABC**.

2. Seqüência **CBA** ou negativa: os fasores giram em sentido anti-horário, na ordem inversa: fasor **C**, fasor **B**, fasor **A** (Figura 18.3a), ou da maneira representada na Figura 18.3b, em que a seqüência é **CA, BC, AB**.

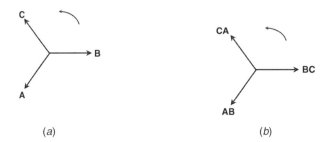

Figura 18.3 Seqüência de fases negativa ou **CBA**.

Um gerador trifásico produz três tensões alternadas defasadas entre si 120°. Se as tensões induzidas forem senoidais, na seqüência ABC a tensão **B** resultará atrasada 120° em relação a **A** e a **C**, atrasada 240° em relação a **A,** como mostra a Figura 18.4.

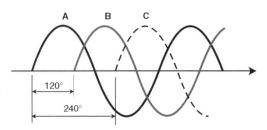

Figura 18.4 Tensões senoidais produzidas por um gerador trifásico.

18.3 SISTEMAS TRIFÁSICOS EM ESTRELA (Y) E EM TRIÂNGULO (Δ)

As bobinas de um gerador trifásico podem ser dispostas tal como mostra a Figura 18.5. Nesse caso, cada fase geradora alimenta um circuito da carga, independentemente das duas outras fases.

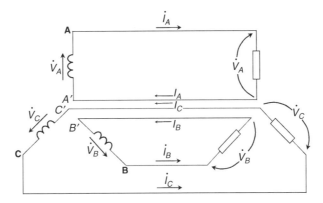

Figura 18.5 Bobinas do gerador trifásico alimentando cargas separadamente.

No entanto, na prática tal sistema não é utilizado, pois requer 6 fios na linha. Os condutores que trazem de volta as correntes I_A, I_B e I_C podem ser substituídos por um único, como mostra a Figura 18.6. Este sistema, que possui quatro fios no lugar dos seis anteriores, é denominado **sistema em estrela a quatro fios**. O quarto fio da linha é o **fio neutro**.

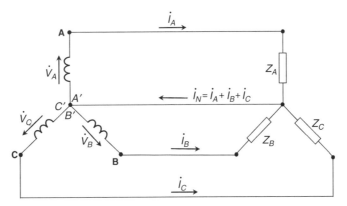

Figura 18.6 Sistema em estrela a quatro fios.

A ligação da Figura 18.6 é empregada nos sistemas *não-equilibrados*. Nos *sistemas equilibrados*, a corrente de neutro I_N é igual a zero e o fio neutro pode ser suprimido, resultando no **sistema em estrela a três fios** (Figura 18.7).

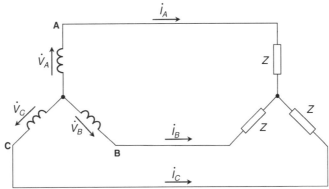

Figura 18.7 Sistema em estrela a três fios.

Outra maneira de se ligarem as fases de um sistema trifásico é ilustrada na Figura 18.8, que possui seis fios na linha.

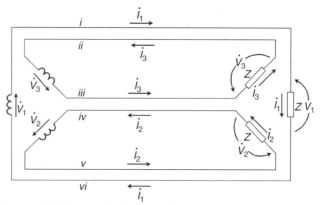

Figura 18.8 Sistema de três fases alimentando cargas separadamente.

Agrupando-se as fases, obtém-se um sistema tal como o que mostra a Figura 18.9, no qual se observa que os fios *i* e *ii* da Figura 18.8, que transportam as correntes $\dot{I}_1$ e $\dot{I}_3$, foram substituídos por um único fio, no qual circulará a corrente resultante da diferença fasorial entre $\dot{I}_1$ e $\dot{I}_3$. Da mesma forma, os fios *iii* e *iv* da Figura 18.8 foram substituídos por um único fio que transporta a corrente $\dot{I}_3 - \dot{I}_2$ e os fios *v* e *vi*, substituídos pelo fio no qual circula a corrente $\dot{I}_2 - \dot{I}_1$.

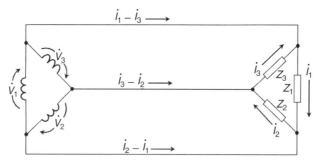

Figura 18.9 Sistema em triângulo ou Δ.

As fases do gerador e da carga, agrupadas tal como mostra a Figura 18.9, formam uma malha triangular, derivando daí a denominação da ligação em *triângulo*.

18.4 CARGAS EQUILIBRADAS EM ESTRELA (Y)

Serão consideradas três impedâncias iguais, conectadas para formar uma carga equilibrada em estrela, alimentadas pelas fases *A*, *B* e *C* da rede, como mostra a Figura 18.10.

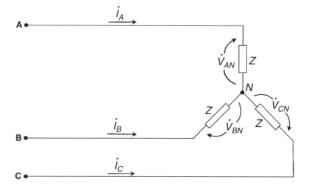

Figura 18.10 Carga equilibrada em estrela.

Vale, para esse circuito, o seguinte:

- As tensões aplicadas às impedâncias são as *tensões de fase*: $\dot{V}_{AN}$, $\dot{V}_{BN}$ e $\dot{V}_{CN}$.
- A corrente em cada fio da linha flui também na impedância ligada à fase respectiva. Logo, as *correntes de linha* são iguais às *correntes de fase*: $\dot{I}_A$, $\dot{I}_B$ e $\dot{I}_C$ são correntes de linha e de fase.
- As correntes de fase (e, neste caso, também as de linha) são calculadas com o uso da lei de Ohm:

$$\dot{I}_A = \frac{\dot{V}_{AN}}{Z} \tag{18.1}$$

$$\dot{I}_B = \frac{\dot{V}_{BN}}{Z} \tag{18.2}$$

$$\dot{I}_C = \frac{\dot{V}_{CN}}{Z} \tag{18.3}$$

- A soma fasorial das três correntes $\dot{I}_A$, $\dot{I}_B$ e $\dot{I}_C$ é igual a zero:

$$\dot{I}_A + \dot{I}_B + \dot{I}_C = 0 \tag{18.4}$$

- As tensões $\dot{V}_{AB}$, $\dot{V}_{BC}$ e $\dot{V}_{CA}$ são as *tensões de linha* do circuito.
- A relação entre as tensões de linha e de fase é obtida aplicando-se a lei das tensões de Kirchhoff:

$$-\dot{V}_{AB} + \dot{V}_{AN} - \dot{V}_{BN} = 0$$

$$\dot{V}_{AB} = \dot{V}_{AN} - \dot{V}_{BN} \tag{18.5a}$$

Do mesmo modo,

$$\dot{V}_{BC} = \dot{V}_{BN} - \dot{V}_{CN} \tag{18.5b}$$

$$\dot{V}_{CA} = \dot{V}_{CN} - \dot{V}_{AN} \tag{18.5c}$$

Para a seqüência **ABC**, tem-se o seguinte diagrama de fasores:

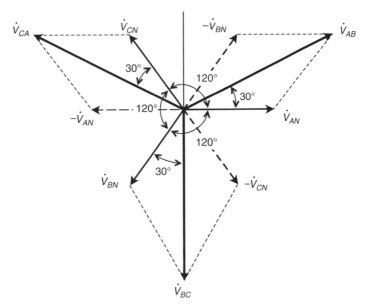

Figura 18.11 Diagrama fasorial de tensões de seqüência positiva, com $\dot{V}_{AN}$ na referência.

Com a seqüência de fases e a fixação de um ângulo de fase para uma tensão, é possível determinar os ângulos das outras tensões do sistema trifásico. Para a Figura 18.11, tem-se:

$$\dot{V}_{AN} = |\dot{V}_{AN}| \underline{/0°} \text{ V} \tag{18.6a}$$

$$\dot{V}_{BN} = |\dot{V}_{BN}| \underline{/-120°} \text{ V} \tag{18.6b}$$

$$\dot{V}_{CN} = |\dot{V}_{CN}| \underline{/120°} \text{ V} \tag{18.6c}$$

$$\dot{V}_{AB} = |\dot{V}_{AB}| \underline{/30°} \text{ V} \tag{18.6d}$$

$$\dot{V}_{BC} = |\dot{V}_{BC}| \underline{/-90°} \text{ V} \tag{18.6e}$$

$$\dot{V}_{CA} = |\dot{V}_{CA}| \underline{/150°} \text{ V} \tag{18.6f}$$

E, para a seqüência **CBA**, tem-se:

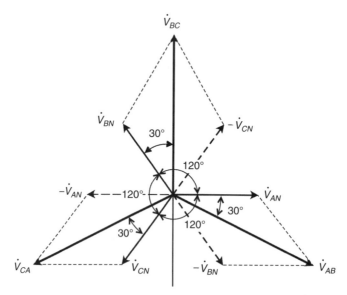

Figura 18.12 Diagrama fasorial de tensões de seqüência negativa, com $\dot{V}_{AN}$ na referência.

Para a Figura 18.12:

$$\dot{V}_{AN} = |\dot{V}_{AN}| \underline{/0°} \text{ V} \tag{18.7a}$$

$$\dot{V}_{BN} = |\dot{V}_{BN}| \underline{/120°} \text{ V} \tag{18.7b}$$

$$\dot{V}_{CN} = |\dot{V}_{CN}| \underline{/-120°} \text{ V} \tag{18.7c}$$

$$\dot{V}_{AB} = |\dot{V}_{AB}| \underline{/-30°} \text{ V} \tag{18.7d}$$

$$\dot{V}_{BC} = |\dot{V}_{BC}| \underline{/90°} \text{ V} \tag{18.7e}$$

$$\dot{V}_{CA} = |\dot{V}_{CA}| \underline{/-150°} \text{ V} \tag{18.7f}$$

Nas Figuras 18.11 e 18.12, verifica-se que a tensão fase–fase está defasada 30° da respectiva tensão fase–neutro, estando adiantada em relação àquela se a seqüência for positiva (*ABC*), e atrasada, se a seqüência for negativa (*CBA*). No caso, são respectivas:

$\dot{V}_{AB}$ (fase–fase) e $\dot{V}_{AN}$ (fase–neutro);

$\dot{V}_{BC}$ e $\dot{V}_{BN}$;

$\dot{V}_{CA}$ e $\dot{V}_{CN}$.

Considerando ainda o diagrama fasorial de seqüência ABC, temos:

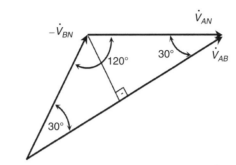

Figura 18.13 Diagrama fasorial com as tensões $\dot{V}_{AB}$, $\dot{V}_{AN}$ e $\dot{V}_{BN}$.

$$\cos 30° = \frac{\frac{1}{2}|\dot{V}_{AB}|}{|\dot{V}_{AN}|}$$

$$\frac{\sqrt{3}}{2}|\dot{V}_{AN}| = \frac{1}{2}|\dot{V}_{AB}|$$

$$\sqrt{3}|\dot{V}_{AN}| = |\dot{V}_{AB}|$$

Como o circuito é equilibrado, temos:

$$|\dot{V}_{AB}| = |\dot{V}_{BC}| = |\dot{V}_{CA}| = |\dot{V}_L|$$

$$|\dot{V}_{AN}| = |\dot{V}_{BN}| = |\dot{V}_{CN}| = |\dot{V}_F|$$

Então, em um circuito equilibrado ligado em **Y** (estrela):

$$|\dot{V}_L| = \sqrt{3}|\dot{V}_F| \qquad (18.8)$$

sendo $\dot{V}_L$ a tensão de linha e $\dot{V}_F$ a tensão de fase.

E, para relacionar essas tensões, em módulo, no diagrama fasorial de um circuito trifásico equilibrado, temos:

$$|\dot{V}_{\text{FASE-FASE}}| = \sqrt{3}|\dot{V}_{\text{FASE-NEUTRO}}| \qquad (18.9)$$

18.5 CARGAS EQUILIBRADAS EM TRIÂNGULO (Δ)

Consideremos agora três impedâncias iguais conectadas para formar a carga trifásica equilibrada em triângulo mostrada na Figura 18.14.

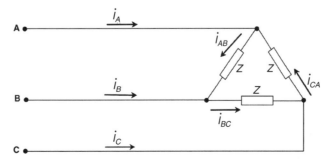

Figura 18.14 Carga trifásica equilibrada ligada em triângulo.

Para este circuito, é válido o seguinte:

- As correntes $\dot{I}_{AB}$ (corrente da fase **A** para a fase **B**), $\dot{I}_{BC}$ e $\dot{I}_{CA}$, que circulam nas impedâncias, são as *correntes de fase* do circuito.
- As tensões fase–fase são aplicadas às impedâncias da carga. Logo, as tensões $\dot{V}_{AB}$, $\dot{V}_{BC}$ e $\dot{V}_{CA}$ são *tensões de linha* e *de fase* (ao mesmo tempo).
- Aplicando-se a lei das correntes de Kirchhoff nos nós do circuito, tem-se:

$$\dot{I}_A = \dot{I}_{AB} - \dot{I}_{CA} \tag{18.10a}$$

$$\dot{I}_B = \dot{I}_{BC} - \dot{I}_{AB} \tag{18.10b}$$

$$\dot{I}_C = \dot{I}_{CA} - \dot{I}_{BC} \tag{18.10c}$$

sendo $\dot{I}_A$, $\dot{I}_B$ e $\dot{I}_C$ as *correntes de linha* do circuito.

- As correntes de fase são obtidas por meio da lei de Ohm:

$$\dot{I}_{AB} = \frac{\dot{V}_{AB}}{Z} \tag{18.11a}$$

$$\dot{I}_{BC} = \frac{\dot{V}_{BC}}{Z} \tag{18.11b}$$

$$\dot{I}_{CA} = \frac{\dot{V}_{CA}}{Z} \tag{18.11c}$$

Como o circuito é equilibrado, os diagramas fasoriais das correntes do circuito são tal como mostram as Figuras 18.15 e 18.16.

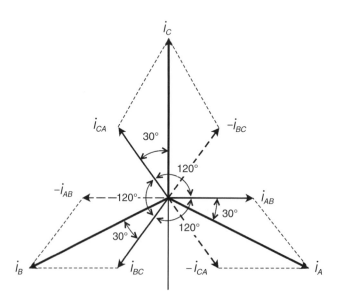

Figura 18.15 Diagrama fasorial de correntes de circuito equilibrado ligado em triângulo, seqüência **ABC**.

Conclui-se, portanto, que em um circuito trifásico equilibrado, ligado em triângulo, a corrente de linha está defasada 30° em relação à respectiva corrente de fase, estando atrasada daquela se a seqüência for positiva (**ABC**) e adiantada se a seqüência for negativa (**CBA**). São respectivas: $\dot{I}_{AB}$ e $\dot{I}_A$; $\dot{I}_{BC}$ e $\dot{I}_B$; $\dot{I}_{CA}$ e $\dot{I}_C$.

Considerando, por exemplo, o diagrama fasorial de seqüência negativa, temos:

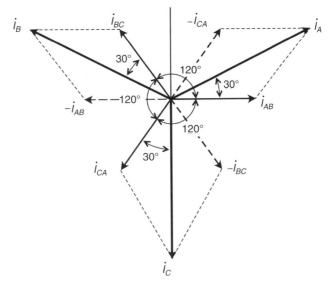

Figura 18.16 Diagrama fasorial de correntes de circuito equilibrado ligado em triângulo, seqüência **CBA**.

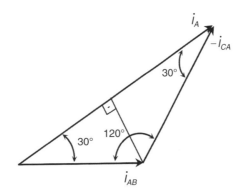

Figura 18.17 Diagrama fasorial contendo $\dot{I}_A$, $\dot{I}_{AB}$ e $\dot{I}_{CA}$.

$$\cos 30° = \frac{\frac{1}{2}|\dot{I}_A|}{|\dot{I}_{AB}|}$$

$$\frac{\sqrt{3}}{2}|\dot{I}_{AB}| = \frac{1}{2}|\dot{I}_A|$$

$$\sqrt{3}\,|\dot{I}_{AB}| = |\dot{I}_A|$$

Como o circuito é equilibrado, temos:

$$|\dot{I}_{AB}| = |\dot{I}_{BC}| = |\dot{I}_{CA}| = |\dot{I}_F|$$

$$|\dot{I}_A| = |\dot{I}_B| = |\dot{I}_C| = |\dot{I}_L|$$

Então, em um circuito equilibrado ligado em Δ (triângulo ou delta):

$$|\dot{I}_L| = \sqrt{3}\,|\dot{I}_F| \tag{18.12}$$

18.6 POTÊNCIA NOS CIRCUITOS TRIFÁSICOS EQUILIBRADOS

Nos circuitos trifásicos equilibrados em triângulo ou estrela, as impedâncias solicitam das respectivas fases correntes de igual módulo. Daí, a potência em cada fase é igual a um terço da potência total (trifásica), ou:

$$P_{1\phi} = V_F \cdot I_F \cdot \cos \varphi \qquad (16.22a)$$

e

$$P_{3\phi} = 3 \cdot V_F \cdot I_F \cdot \cos \varphi \qquad (18.13)$$

sendo:

V_F: modulo da tensão de fase:

I_F: módulo da corrente de fase;

φ: ângulo de defasagem entre a corrente e a tensão de fase;

$P_{1\phi}$: potência ativa monofásica;

$P_{3\phi}$: potência ativa trifásica.

Nos circuitos ligados em estrela:

$$|\dot{V}_F| = \frac{|\dot{V}_L|}{\sqrt{3}} \qquad (18.8a)$$

e

$$\dot{I}_L = \dot{I}_F \qquad (18.14),$$

Substituindo as Equações 18.8a e 18.14 na Equação 18.13, temos:

$$P_{3\phi} = 3 \cdot \frac{|\dot{V}_L|}{\sqrt{3}} \cdot I_L \cdot \cos \varphi$$

$$P_{3\phi} = \sqrt{3} \cdot V_L \cdot I_L \cdot \cos \varphi \qquad (18.15)$$

que é outra maneira de se obter a potência ativa trifásica, em que V_L e I_L são, respectivamente, os módulos da tensão de linha e da corrente de linha.

Nos circuitos em triângulo:

$$|\dot{I}_F| = \frac{|\dot{I}_L|}{\sqrt{3}} \qquad (18.12a)$$

e

$$\dot{V}_L = \dot{V}_F \qquad (18.16)$$

Substituindo as Equações 18.12a e 18.16 na Equação 18.13, temos:

$$P_{3\phi} = 3 \cdot V_L \cdot \frac{I_L}{\sqrt{3}} \cdot \cos \varphi$$

$$P_{3\phi} = \sqrt{3} \cdot V_L \cdot I_L \cdot \cos \varphi \qquad (18.15)$$

Da mesma forma, pode-se calcular a potência reativa trifásica para um circuito trifásico equilibrado ligado em **Y** ou Δ fazendo-se:

$$Q_{3\phi} = 3 \cdot V_F \cdot I_F \cdot \operatorname{sen} \varphi \qquad (18.17)$$

ou

$$Q_{3\phi} = \sqrt{3} \cdot V_L \cdot I_L \cdot \operatorname{sen} \varphi \qquad (18.18)$$

e a potência aparente trifásica é obtida por:

$$\dot{S}_{3\phi} = P_{3\phi} + jQ_{3\phi} \tag{18.19}$$

O **fator de potência = cos** φ é o co-seno do ângulo de defasagem entre a tensão e a corrente de qualquer das fases, e não entre a tensão e a corrente de linha.

18.7 EXERCÍCIOS RESOLVIDOS

1. Uma carga trifásica equilibrada de impedância $Z = 10\underline{/35°}$ Ω por fase é ligada em **Y** a um sistema em que $\dot{V}_{AN} = 220\underline{/30°}$ V, seqüência **CBA**. Pede-se: (a) as correntes de fase e as correntes de linha; (b) mostre que o fio neutro pode ser suprimido; (c) a potência ativa trifásica; (d) a potência reativa trifásica; (e) a potência aparente total; (f) o fator de potência.

Solução:

Primeiramente, os ângulos das tensões $\dot{V}_{BN}$ e $\dot{V}_{CN}$ devem ser conhecidos, o que é feito a partir do diagrama fasorial:

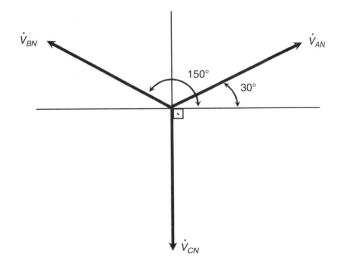

Do diagrama fasorial se obtém:

$$\dot{V}_{AN} = 220\underline{/30°} \text{ V}$$
$$\dot{V}_{BN} = 220\underline{/150°} \text{ V}$$
$$\dot{V}_{CN} = 220\underline{/-90°} \text{ V}$$

(a)

$$\dot{I}_A = \frac{\dot{V}_{AN}}{Z} = \frac{220\underline{/30}}{10\underline{/35}} = 22\underline{/-5°} \text{ A}$$

$$\dot{I}_B = \frac{\dot{V}_{BN}}{Z} = \frac{220\underline{/150}}{10\underline{/35}} = 22\underline{/115°} \text{ A}$$

$$\dot{I}_C = \frac{\dot{V}_{CN}}{Z} = \frac{220\underline{/-90}}{10\underline{/35}} = 22\underline{/-125°} \text{ A}$$

Nesse tipo de ligação, as correntes de linha são iguais às correntes de fase.

(b) Se o fio neutro for conectado,

$$\dot{I}_N = \dot{I}_A + \dot{I}_B + \dot{I}_C$$

$$\dot{I}_N = 22\underline{/-5°} + 22\underline{/115°} + 22\underline{/-125°} =$$
$$= 21{,}92 + j1{,}917 - 9{,}298 + j19{,}94 - 12{,}62 - j18{,}02 = \boxed{0 + j0}$$

126 Capítulo Dezoito

Logo, o fio neutro é desnecessário. Há, porém, cargas equilibradas especiais que necessitam da conexão do neutro em função de sua sensibilidade a eventuais variações das tensões da rede.

(c)
$$P_{3\phi} = 3 \cdot V_F \cdot I_F \cdot \cos \varphi$$
$$P_{3\phi} = 3 \cdot 220 \cdot 22 \cdot \cos 35^\circ = \boxed{11894 \text{ W}}$$

ou:

$$P_{3\phi} = \sqrt{3} \cdot V_L \cdot I_L \cdot \cos \varphi$$
$$P_{3\phi} = \sqrt{3} \cdot 381 \cdot 22 \cdot \cos 35^\circ = \boxed{11893 \text{ W}}$$

(d)
$$Q_{3\phi} = 3 \cdot V_F \cdot I_F \cdot \text{sen } \varphi$$
$$Q_{3\phi} = 3 \cdot 220 \cdot 22 \cdot \text{sen } 35^\circ = \boxed{8328 \text{ var}}$$

ou:

$$Q_{3\phi} = \sqrt{3} \cdot V_L \cdot I_L \cdot \text{sen } \varphi$$
$$Q_{3\phi} = \sqrt{3} \cdot 381 \cdot 22 \cdot \text{sen } 35^\circ = \boxed{8327 \text{ var}}$$

(e)
$$\dot{S}_{3\phi} = P_{3\phi} + jQ_{3\phi}$$
$$\dot{S}_{3\phi} = 11894 + j8328 = \boxed{14520 \underline{/35^\circ} \text{ VA}}$$

(f)
$$\cos \varphi = \cos 35^\circ = \boxed{0{,}819 \text{ indutivo}}$$

2. Uma carga trifásica equilibrada, de impedância $11{,}00\underline{/45^\circ}$ Ω por fase, está ligada em triângulo. Sendo $\dot{V}_{AB} = 381 \underline{/120^\circ}$ V, $\dot{V}_{BC} = 381 \underline{/0^\circ}$ V e $\dot{V}_{CA} = 381 \underline{/240^\circ}$ V, calcule: (a) as correntes nas fases; (b) as correntes nas linhas; (c) a potência ativa trifásica; (d) a potência reativa trifásica. Trace um diagrama fasorial contendo as correntes de fase e de linha; identifique a seqüência de fases.

Solução:

(a)

$$\dot{I}_{AB} = \frac{\dot{V}_{AB}}{Z} = \frac{381 \underline{/120}}{11 \underline{/45}} = \boxed{34{,}64\underline{/75^\circ} \text{ A}}$$

$$\dot{I}_{BC} = \frac{\dot{V}_{BC}}{Z} = \frac{381 \underline{/0}}{11 \underline{/45}} = \boxed{34{,}64 \underline{/-45^\circ} \text{ A}}$$

$$\dot{I}_{CA} = \frac{\dot{V}_{CA}}{Z} = \frac{381 \underline{/-120}}{11 \underline{/45}} = \boxed{34{,}64 \underline{/-165^\circ} \text{ A}}$$

(b)
$$\dot{I}_A = \dot{I}_{AB} - \dot{I}_{CA}$$
$$\dot{I}_A = 34{,}64\underline{/75^\circ} - 34{,}64\underline{/-165^\circ}$$
$$\dot{I}_A = 8{,}965 + j33{,}46 + 33{,}46 + j8{,}965 = 42{,}42 + j42{,}42$$
$$\boxed{\dot{I}_A = 60{,}00\underline{/45^\circ} \text{ A}}$$

$$\dot{I}_B = \dot{I}_{BC} - \dot{I}_{AB}$$
$$\dot{I}_B = 34{,}64\underline{/-45^\circ} - 34{,}64\underline{/75^\circ}$$
$$\dot{I}_B = 24{,}49 - j24{,}49 - 8{,}965 - j33{,}46 = 15{,}53 - j57{,}95$$
$$\boxed{\dot{I}_B = 60{,}00\underline{/-75^\circ} \text{ A}}$$

$$\dot{I}_C = \dot{I}_{CA} - \dot{I}_{BC}$$
$$\dot{I}_C = 34{,}64 \underline{/-165^\circ} - 34{,}64 \underline{/-45^\circ}$$
$$\dot{I}_C = -33{,}46 - j8{,}965 - 24{,}49 + j24{,}49 = -57{,}95 + j15{,}53$$
$$\boxed{\dot{I}_C = 60{,}00\underline{/165^\circ} \text{ A}}$$

(c)
$$P_{3\phi} = 3 \cdot V_F \cdot I_F \cdot \cos \varphi$$
$$P_{3\phi} = 3 \cdot 381 \cdot 34,64 \cdot \cos 45° = \boxed{27997 \text{ W}}$$

ou:
$$P_{3\phi} = \sqrt{3} \cdot V_L \cdot I_L \cdot \cos \varphi$$
$$P_{3\phi} = \sqrt{3} \cdot 381 \cdot 60 \cdot \cos 45° = \boxed{27998 \text{ W}}$$

(d)
$$Q_{3\phi} = 3 \cdot V_F \cdot I_F \cdot \text{sen } \varphi$$
$$Q_{3\phi} = 3 \cdot 381 \cdot 34,64 \cdot \text{sen } 45° = \boxed{27997 \text{ var}}$$

ou:
$$Q_{3\phi} = \sqrt{3} \cdot V_L \cdot I_L \cdot \text{sen } \varphi$$
$$Q_{3\phi} = \sqrt{3} \cdot 381 \cdot 60 \cdot \text{sen } 35° = \boxed{27998 \text{ var}}$$

(e)

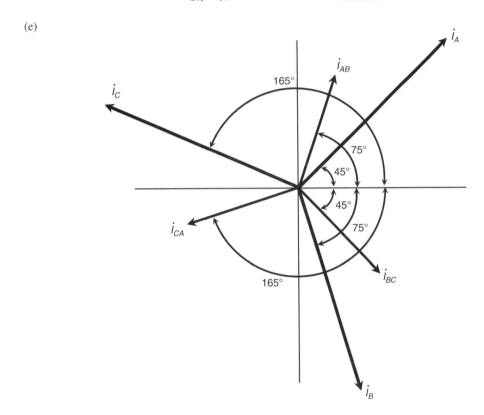

A seqüência de fases é **ABC**.

3. Uma carga trifásica ligada em Δ consome 5,5 kW com fator de potência 0,65 capacitivo. A tensão fase–fase é 380 V. Pede-se: (a) o módulo da corrente em cada linha; (b) o módulo da corrente em cada fase; (c) a impedância da carga, por fase; (d) a potência reativa solicitada pela carga; (e) a potência aparente trifásica.

Solução:

(a)
$$P_{3\phi} = \sqrt{3} \cdot V_L \cdot I_L \cdot \cos \varphi$$
$$5500 = \sqrt{3} \cdot 380 \cdot I_L \cdot 0,65$$
$$\boxed{I_L = 12,86 \text{ A}}$$

(b)
$$I_F = \frac{I_L}{\sqrt{3}} = \frac{12,86}{\sqrt{3}}$$
$$\boxed{I_F = 7,422 \text{ A}}$$

(c)

$$\varphi = \text{arccos } 0{,}65 = 49{,}46°$$

$$|Z| = \frac{V_F}{I_F} = \frac{380}{7,422} = 51{,}20\,\Omega$$

$$Z = |Z|\,\underline{/\varphi} = \boxed{51{,}20\,\underline{/49{,}46°}\,\Omega \text{ por fase}}$$

(d)

$$\boxed{Q_{3\phi} = \sqrt{3}\cdot V_L \cdot I_L \cdot \text{sen } \varphi}$$

$$Q_{3\phi} = \sqrt{3}\cdot 380 \cdot 12{,}86 \cdot \text{sen } 49{,}46°$$

$$\boxed{Q_{3\phi} = -6432 \text{ var}}$$

(e)

$$\boxed{\dot{S}_{3\phi} = P_{3\varphi} + jQ_{3\phi}}$$

$$\dot{S}_{3\phi} = 5500 - j6432 = \boxed{8463\,\underline{/-49{,}46°}\,\text{VA}}$$

18.8 EXERCÍCIOS PROPOSTOS

1. Desenhe uma carga trifásica equilibrada ligada em estrela a um sistema trifásico e identifique: (a) as tensões de linha; (b) as tensões de fase; (c) as correntes de linha; (d) as correntes de fase.

2. Repita o Exercício 1, para uma carga ligada em triângulo.

3. Qual é a relação entre a corrente de linha e a corrente de fase (em módulo e defasagem) para uma carga equilibrada ligada em estrela? E se a carga equilibrada for ligada em triângulo?

4. Repita o Exercício 3, relacionando a tensão de linha e a tensão de fase.

5. Em um sistema trifásico, $\dot{V}_{AN} = 120\,\underline{/-30°}\,\text{V}$ e a seqüência de fases é negativa. Obtenha as demais tensões fase–neutro e fase–fase.

6. Cada fase de um gerador trifásico ligado em **Y** libera uma corrente de 30,0 A, sendo a tensão de fase 220 V e o fator de potência 0,800 indutivo. Para a seqüência **ABC** e $\dot{V}_{AN} = 220\,\underline{/45°}\,\text{V}$, pedem-se: (a) as correntes nas fases; (b) o diagrama fasorial contendo as tensões e correntes de fase; (c) as potências ativa, reativa e aparente em cada fase; (d) as potências ativa, reativa e aparente trifásicas.

7. A um sistema trifásico ligado em **Y**, 208 V entre fases, deverão ser ligadas 48 lâmpadas; cada lâmpada tem tensão de 120 V e solicita 0,5 A, sendo puramente resistiva. Se necessário, tome $\dot{V}_{CN}$ na referência. Pergunta-se: (a) quantas lâmpadas devem ser ligadas em cada fase para que a carga fique equilibrada? (b) Quais são a potência ativa, a potência reativa e a potência aparente consumidas pela carga, nas condições do item (a)?

8. Uma carga trifásica equilibrada é ligada em triângulo a um sistema de seqüência **ABC**, em que $\dot{V}_{AB} = 216{,}5\,\underline{/0°}\,\text{V}$. Se a impedância da carga é $Z = 55\,\underline{/-48°}\,\Omega$ por fase, determine: (a) as correntes nas fases; (b) as correntes nas linhas; (c) a potência ativa trifásica; (d) a potência reativa trifásica; (e) a potência aparente total; (f) o fator de potência.

9. Uma carga trifásica ligada em estrela consome 10,8 kW com fator de potência 0,866 capacitivo. A tensão de linha é 220 V. Pede-se: (a) as correntes de fase; (b) as correntes de linha; (c) a potência reativa e a potência aparente trifásicas.

10. Uma carga trifásica equilibrada solicita da rede 8694 Var com fator de potência 0,610 indutivo. A tensão fase–fase é 220 V e a carga está ligada em Δ. Determine: (a) o módulo das correntes de linha; (b) o módulo das correntes de fase; (c) a impedância da carga, em ohms por fase; (d) a potência ativa solicitada pela carga.

11. A soma de três fasores de igual módulo, defasados 120°, resulta zero. Utilize isto para mostrar que, em uma carga trifásica equilibrada ligada em estrela, o fio neutro pode ser suprimido.

12. Nas cargas trifásicas equilibradas ligadas em estrela, o fio neutro pode sempre ser desligado? Explique.

13. Uma carga trifásica ligada em triângulo, com impedância $27{,}0\,\underline{/-25°}\,\Omega$ por fase, é alimentada por um sistema trifásico de seqüência **CBA**, com $\dot{V}_{CA} = 210\,\underline{/180°}\,\text{V}$. Obtenha as correntes de linha.

CAPÍTULO 19

CIRCUITOS TRIFÁSICOS DESEQUILIBRADOS

19.1 CARGAS DESEQUILIBRADAS

Diz-se que uma carga trifásica é desequilibrada quando pelo menos uma das impedâncias que a constituem, ligadas em estrela ou triângulo, é diferente das demais, em módulo, ângulo de fase ou ambos. O sistema também está em desequilíbrio quando cargas são ligadas a duas ou somente uma das fases do sistema trifásico.

Vamos considerar que a rede é suficientemente forte para manter tensões, em módulo e ângulo, em todos os pares de pontos em que a carga estiver conectada ao sistema.

Do ponto de vista prático, a manutenção de cargas trifásicas desequilibradas gera inconvenientes, tais como sobretensões, subtensões, sobrecarregamento de condutores, entre outros. Por estas razões, na ligação das cargas procura-se distribuir as impedâncias pelas fases, de modo que a carga fique equilibrada ou, pelo menos, com o menor desequilíbrio possível.

19.2 CARGAS DESEQUILIBRADAS EM TRIÂNGULO

A rede mantém as tensões fase–fase, que são as tensões de fase ou de linha da carga. Essas tensões permanecem defasadas 120°.

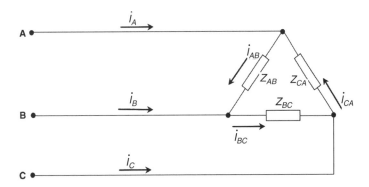

Figura 19.1 Carga trifásica desequilibrada em triângulo.

Nessas condições, as correntes nas fases são calculadas da seguinte maneira:

$$\dot{I}_{AB} = \frac{\dot{V}_{AB}}{Z_{AB}} \quad (19.1a)$$

$$\dot{I}_{BC} = \frac{\dot{V}_{BC}}{Z_{BC}} \qquad (19.1b)$$

$$\dot{I}_{CA} = \frac{\dot{V}_{CA}}{Z_{CA}} \qquad (19.1c)$$

e as correntes nas linhas:

$$\dot{I}_A = \dot{I}_{AB} - \dot{I}_{CA} \qquad (18.10a)$$

$$\dot{I}_B = \dot{I}_{BC} - \dot{I}_{AB} \qquad (18.10b)$$

$$\dot{I}_C = \dot{I}_{CA} - \dot{I}_{BC} \qquad (18.10c)$$

Como as correntes de fase geralmente não têm o mesmo módulo, o mesmo ocorre com as correntes de linha, não sendo mais possível utilizar:

$$|\dot{I}_L| = \sqrt{3}\,|\dot{I}_F| \qquad (18.12)$$

19.3 CARGAS DESEQUILIBRADAS EM ESTRELA A QUATRO FIOS

Neste caso, a rede mantém sobre as impedâncias da carga as tensões de fase defasadas 120°.

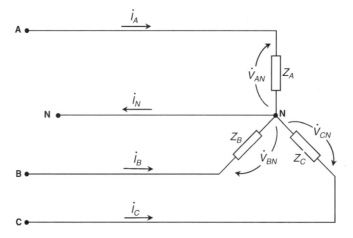

Figura 19.2 Carga trifásica desequilibrada a quatro fios.

As correntes de linha são iguais às correntes de fase e continuam sendo calculadas pela lei de Ohm:

$$\dot{I}_A = \frac{\dot{V}_{AN}}{Z_A} \qquad (19.2a)$$

$$\dot{I}_B = \frac{\dot{V}_{BN}}{Z_B} \qquad (19.2b)$$

$$\dot{I}_C = \frac{\dot{V}_{CN}}{Z_C} \qquad (19.2c)$$

Agora há corrente no neutro, a qual é calculada fazendo-se:

$$\dot{I}_N = \dot{I}_A + \dot{I}_B + \dot{I}_C \qquad (19.3)$$

19.4 CARGAS DESEQUILIBRADAS EM ESTRELA A TRÊS FIOS (SEM NEUTRO)

O ponto **P** do centro da estrela desequilibrada não coincide com o ponto **N**, que é o neutro da rede. Por esta razão, não são mantidas as tensões fase–neutro da rede:

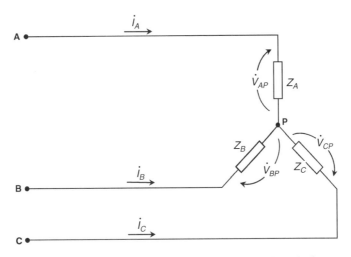

Figura 19.3 Carga trifásica desequilibrada em estrela a três fios.

A rede mantém, em módulo, ângulo e fase, as tensões de linha $\dot{V}_{AB}$, $\dot{V}_{BC}$ e $\dot{V}_{CA}$.

Serão apresentados três métodos para resolução desse tipo de circuito, com a finalidade de determinar as correntes nas fases e, em conseqüência, as tensões $\dot{V}_{AP}$, $\dot{V}_{BP}$ e $\dot{V}_{CP}$.

19.4.1 O Método das Correntes de Malhas

Considere o circuito da Figura 19.4.

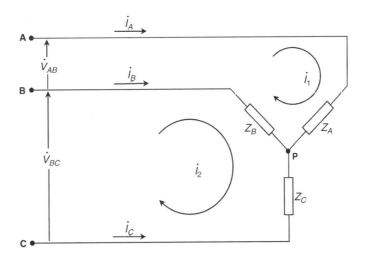

Figura 19.4 Carga desequilibrada em **Y** com ilustração da aplicação do método das correntes de malhas.

As tensões fase–fase são conhecidas. Escolhem-se duas malhas do circuito e a estas são atribuídas correntes de sentido arbitrário. Escrevem-se as equações das tensões para essas malhas.

Para o circuito da Figura 19.4 temos:

$$\dot{V}_{AB} = Z_A \cdot \dot{I}_1 + Z_B(\dot{I}_1 - \dot{I}_2)$$
$$\dot{V}_{BC} = Z_B \cdot (\dot{I}_2 - \dot{I}_1) + Z_C \cdot \dot{I}_2$$

Após determinar $\dot{I}_1$ e $\dot{I}_2$, faz-se, por superposição:

$$\dot{I}_A = \dot{I}_1$$
$$\dot{I}_B = \dot{I}_2 - \dot{I}_1$$
$$\dot{I}_C = -\dot{I}_2$$

Para determinar $\dot{V}_{AP}$, $\dot{V}_{BP}$ e $\dot{V}_{CP}$, emprega-se a lei de Ohm:

$$\dot{V}_{AP} = Z_A \cdot \dot{I}_A \tag{19.4a}$$

$$\dot{V}_{BP} = Z_B \cdot \dot{I}_B \tag{19.4b}$$

$$\dot{V}_{CP} = Z_C \cdot \dot{I}_C \tag{19.4c}$$

19.4.2 O Método do Deslocamento do Neutro

Este método baseia-se no diagrama fasorial de um circuito trifásico desequilibrado a três fios, mostrado na Figura 19.5, em que:

$\dot{V}_{PN}$: tensão de deslocamento do neutro;
$\dot{V}_{AN}$, $\dot{V}_{BN}$ e $\dot{V}_{CN}$: tensões de fase que existiriam se a estrela fosse equilibrada;
$\dot{V}_{AP}$, $\dot{V}_{BP}$ e $\dot{V}_{CP}$: tensões de fase da estrela desequilibrada.

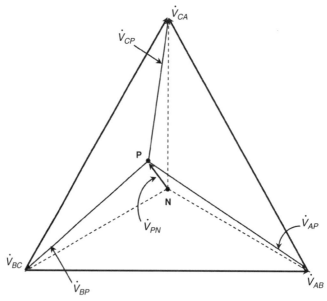

Figura 19.5 Diagrama de fasores de um circuito desequilibrado em **Y** a três fios, construído de forma adequada para visualizar o deslocamento do neutro.

As correntes de linha são obtidas da seguinte maneira:[1]

$$\dot{I}_A = Y_A \cdot \dot{V}_{AP} \tag{19.5a}$$

$$\dot{I}_B = Y_B \cdot \dot{V}_{BP} \tag{19.5b}$$

$$\dot{I}_C = Y_C \cdot \dot{V}_{CP} \tag{19.5c}$$

---

[1] $Y_A = \dfrac{1}{Z_A}$, $Y_B = \dfrac{1}{Z_B}$ e $Y_C = \dfrac{1}{Z_C}$ são conhecidas como *admitâncias* das fases A, B e C, respectivamente. Sua unidade, no Sistema Internacional, é o *siemens* (S).

Como não tem neutro,

$$\dot{I}_A + \dot{I}_B + \dot{I}_C = 0 \qquad (19.6)$$

Substituindo as Equações 19.5a, 19.5b e 19.5c na Equação 19.6 temos:

$$Y_A \cdot \dot{V}_{AP} + Y_B \cdot \dot{V}_{BP} + Y_C \cdot \dot{V}_{CP} = 0 \qquad (19.7)$$

mas:

$$\dot{V}_{AP} = \dot{V}_{AN} - \dot{V}_{PN} \qquad (19.8a)$$

$$\dot{V}_{BP} = \dot{V}_{BN} - \dot{V}_{PN} \qquad (19.8b)$$

$$\dot{V}_{CP} = \dot{V}_{CN} - \dot{V}_{PN} \qquad (19.8c)$$

que, substituídas na Equação 19.7, conduzem a:

$$Y_A \cdot (\dot{V}_{AN} - \dot{V}_{PN}) + Y_B \cdot (\dot{V}_{BN} - \dot{V}_{PN}) + Y_C \cdot (\dot{V}_{CN} - \dot{V}_{PN}) = 0$$

$$-\dot{V}_{PN} \cdot (Y_A + Y_B + Y_C) + Y_A \cdot \dot{V}_{AN} + Y_B \cdot \dot{V}_{BN} + Y_C \cdot \dot{V}_{CN} = 0$$

$$\dot{V}_{PN} = \frac{Y_A \cdot \dot{V}_{AN} + Y_B \cdot \dot{V}_{BN} + Y_C \cdot \dot{V}_{CN}}{Y_A + Y_B + Y_C} \qquad (19.9)$$

ou, voltando às impedâncias, temos:

$$\dot{V}_{PN} = \frac{\dfrac{\dot{V}_{AN}}{Z_A} + \dfrac{\dot{V}_{BN}}{Z_B} + \dfrac{\dot{V}_{CN}}{Z_C}}{\dfrac{1}{Z_A} + \dfrac{1}{Z_B} + \dfrac{1}{Z_C}} \qquad (19.10)$$

Desta forma, a seqüência para resolução do circuito é:

- determinar $\dot{V}_{PN}$;
- determinar $\dot{V}_{AP}$, $\dot{V}_{BP}$ e $\dot{V}_{CP}$;
- determinar $\dot{I}_A$, $\dot{I}_B$ e $\dot{I}_C$.

19.4.3 O Método da Conversão da Estrela em Triângulo Equivalente

Os circuitos ligados em estrela têm o seu triângulo equivalente e vice-versa. Considerando a Figura 19.6, temos:

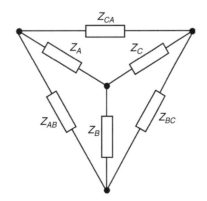

Figura 19.6 Conversão de estrela para triângulo.

A transformação de estrela para triângulo é obtida com o uso das seguintes fórmulas:

$$Z_{AB} = \frac{Z_A \cdot Z_B + Z_A \cdot Z_C + Z_B \cdot Z_C}{Z_C} \quad (19.11a)$$

$$Z_{BC} = \frac{Z_A \cdot Z_B + Z_A \cdot Z_C + Z_B \cdot Z_C}{Z_A} \quad (19.11b)$$

$$Z_{CA} = \frac{Z_A \cdot Z_B + Z_A \cdot Z_C + Z_B \cdot Z_C}{Z_B} \quad (19.11c)$$

Interessa converter a carga em estrela desequilibrada para uma carga em triângulo equivalente. Depois, resolve-se o circuito tal como indica a Equação 19.2, para se obterem as correntes $\dot{I}_A$, $\dot{I}_B$ e $\dot{I}_C$.

19.5 CARGAS A DUAS FASES E NEUTRO

Algumas concessionárias de energia atendem determinadas categorias de consumidores suprindo-as a duas fases e neutro. Essas duas fases são, na verdade, provenientes do sistema trifásico, cujas tensões estão defasadas 120°. Mesmo que as impedâncias ligadas em cada fase tenham o mesmo módulo e o mesmo ângulo de fase, essas cargas, embora popularmente chamadas "bifásicas", são na verdade cargas desequilibradas em que uma fase do sistema trifásico deixou de ser utilizada.

Para o exemplo da Figura 19.7:

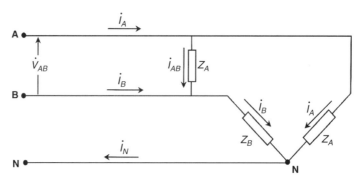

Figura 19.7 Cargas ligadas a duas fases e neutro.

$$\dot{I}_{AB} = \frac{\dot{V}_{AB}}{Z_{AB}} \quad (19.1a)$$

$$\dot{I}_A{}' = \frac{\dot{V}_{AN}}{Z_A} \quad (19.2a)$$

$$\dot{I}_B{}' = \frac{\dot{V}_{BN}}{Z_B} \quad (19.2b)$$

$$\dot{I}_A = \dot{I}_A{}' + \dot{I}_{AB} \quad (19.12a)$$

$$\dot{I}_B = \dot{I}_B{}' - \dot{I}_{AB} \quad (19.12b)$$

$$\dot{I}_N = \dot{I}_A{}' + \dot{I}_B{}' \quad (19.12c)$$

19.6 CARGAS EM "V" OU EM TRIÂNGULO ABERTO

São cargas em que, em um sistema ligado em triângulo, uma das fases deixou de ser utilizada, como mostra a Figura 19.8.

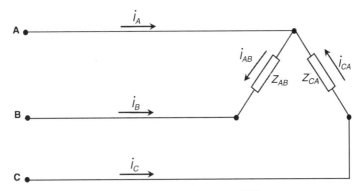

Figura 19.8 Carga em "V".

A carga em triângulo aberto ilustrada na Figura 19.8 continua alimentada a três fases. Entretanto, a corrente $\dot{I}_{BC}$ é igual a zero, no que resulta, para as correntes de linha:

$$\dot{I}_A = \dot{I}_{AB} - \dot{I}_{CA} \tag{18.10a}$$

$$\dot{I}_B = -\dot{I}_{AB} \tag{19.13a}$$

$$\dot{I}_C = \dot{I}_{CA} \tag{19.13b}$$

19.7 POTÊNCIA NAS CARGAS TRIFÁSICAS DESEQUILIBRADAS

Nas cargas trifásicas desequilibradas, cada fase tem sua corrente e seu fator de potência. Daí, o cálculo das potências ativa, reativa e aparente deve ser feito em separado para cada fase. A soma das potências ativas de cada fase tem aplicação prática na determinação da potência ativa total da carga. Devido à possibilidade de as potências reativas individuais terem sinais diferentes, a soma dessas potências em uma carga trifásica desequilibrada nem sempre faz sentido, razão pela qual esse procedimento tem aplicação restrita.

19.8 EXERCÍCIOS RESOLVIDOS

1. Em um sistema trifásico de seqüência **ABC**, onde $\dot{V}_{AB} = 240\underline{/120º}$ V, uma carga é ligada em triângulo, sendo $Z_{AB} = 10\underline{/0º}$ Ω, $Z_{BC} = 10\underline{/35º}$ Ω e $Z_{CA} = 15\underline{/-40º}$ Ω. Obtenha as correntes de fase e de linha.

Solução:

(a)
$$\dot{I}_{AB} = \frac{\dot{V}_{AB}}{Z_{AB}} = \frac{240\underline{/120}}{10\underline{/0}} = 24,0\underline{/120°} \text{ A}$$

$$\dot{I}_{BC} = \frac{\dot{V}_{BC}}{Z_{BC}} = \frac{240\underline{/0}}{10\underline{/35}} = 24,0\underline{/-35°} \text{ A}$$

$$\dot{I}_{CA} = \frac{\dot{V}_{CA}}{Z_{CA}} = \frac{240\underline{/-120}}{15\underline{/-40}} = 16,0\underline{/-80°} \text{ A}$$

(b)
$$\dot{I}_A = \dot{I}_{AB} - \dot{I}_{CA}$$

$$\dot{I}_A = 24,0\underline{/120°} - 16,0\underline{/-80°}$$

$$\dot{I}_A = -12,00 + j20,78 - (2,778 - j15,757) = -14,78 + j36,54$$

$$\dot{I}_A = 39,42 \underline{/112,02°} \text{ A}$$

$$\dot{I}_B = \dot{I}_{BC} - \dot{I}_{AB}$$

$$\dot{I}_B = 24,0 \underline{/-35°} - 24,0 \underline{/120°}$$

$$\dot{I}_B = 19,66 - j13,77 - (-12,00 + j20,78) = 31,66 - j34,55$$

$$\dot{I}_B = 46,86 \underline{/-47,50°} \text{ A}$$

$$\dot{I}_C = \dot{I}_{CA} - \dot{I}_{BC}$$

$$\dot{I}_C = 16,0 \underline{/-80°} - 24,0 \underline{/-35°} = -16,88 - j1,991$$

$$\dot{I}_C = 17,00 \underline{/-173,27°} \text{ A}$$

2. Uma carga trifásica desequilibrada contendo as impedâncias $Z_A = 12 \underline{/15°} \ \Omega$, $Z_B = 10 \underline{/20°} \ \Omega$ e $Z_C = 8 \underline{/17°} \ \Omega$ é ligada em estrela a um sistema trifásico no qual as tensões são as seguintes:

$$\dot{V}_{AN} = 127 \underline{/-30°} \text{ V} \qquad \dot{V}_{AB} = 220 \underline{/0°} \text{ V}$$

$$\dot{V}_{BN} = 127 \underline{/-150°} \text{ V} \qquad \dot{V}_{BC} = 220 \underline{/-120°} \text{ V}$$

$$\dot{V}_{CN} = 127 \underline{/90°} \text{ V} \qquad \dot{V}_{CA} = 220 \underline{/120°} \text{ V}$$

Determine as correntes nas fases da carga quando:

(a) o neutro está conectado; obtenha, também, a corrente do neutro;
(b) o neutro está desconectado; utilize o método das correntes de malha;
(c) o neutro está desconectado; utilize o método da tensão de deslocamento de neutro;
(d) o neutro está desconectado; utilize o método da conversão **Y–Δ**.

Solução:

(a)
$$\dot{I}_A = \frac{\dot{V}_{AN}}{Z_A} = \frac{127 \underline{/-30}}{12 \underline{/15}} = 10,583 \underline{/-45°} \text{ A}$$

$$\dot{I}_B = \frac{\dot{V}_{BN}}{Z_B} = \frac{127 \underline{/-150}}{10 \underline{/20}} = 12,7 \underline{/-170°} \text{ A}$$

$$\dot{I}_C = \frac{\dot{V}_{CN}}{Z_C} = \frac{127 \underline{/90}}{8 \underline{/17}} = 15,875 \underline{/73°} \text{ A}$$

$$\dot{I}_N = \dot{I}_A + \dot{I}_B + \dot{I}_C$$

$$\dot{I}_N = 7,484 - j7,484 - 12,507 - j2,205 + 4,109 + j15,334$$

$$\dot{I}_N = -0,915 + j5,645 = 5,719 \underline{/99,20°} \text{ A}$$

(b) sem o neutro, pelo método das correntes das malhas temos:

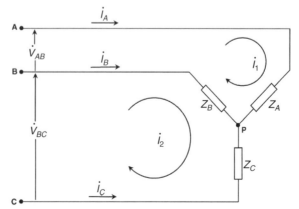

As equações das tensões e correntes do circuito são:

$$\dot{V}_{AB} = Z_A \cdot \dot{I}_1 + Z_B(\dot{I}_1 - \dot{I}_2) \tag{1}$$

$$\dot{V}_{BC} = Z_B \cdot (\dot{I}_2 - \dot{I}_1) + Z_C \cdot \dot{I}_2 \tag{2}$$

$$\dot{I}_A = \dot{I}_1 \tag{3}$$

$$\dot{I}_B = \dot{I}_2 - \dot{I}_1 \tag{4}$$

$$\dot{I}_C = -\dot{I}_2 \tag{5}$$

De (1):

$$220\underline{/0°} = 12\underline{/15°} \cdot \dot{I}_1 + 10\underline{/20°} \, (\dot{I}_1 \, e \, \dot{I}_2)$$

$$220 = (12\underline{/15°} + 10\underline{/20°}) \cdot \dot{I}_1 - 10\underline{/20°} \, \dot{I}_2$$

$$21,98\underline{/17,27°} \, \dot{I}_1 - 10\underline{/20°} \, \dot{I}_2 = 220$$

$$\dot{I}_1 = \frac{220 + 10\underline{/20} \, \dot{I}_2}{21,98\underline{/17,27}}$$

$$\dot{I}_1 = 10,009\underline{/-17,27°} + 0,4550\underline{/2,73°} \, \dot{I}_2 \tag{6}$$

De (2):

$$220\underline{/-120°} = 10\underline{/20°} \cdot (\dot{I}_2 - \dot{I}_1) + 8\underline{/17°} \, \dot{I}_2$$

$$220\underline{/-120°} = -10\underline{/20°} \, \dot{I}_1 + (10\underline{/20°} + 8\underline{/17°}) \, \dot{I}_2$$

$$-10\underline{/20°} \, \dot{I}_1 + 17,994\underline{/18,67°} \, \dot{I}_2 = 220\underline{/-120°} \tag{7}$$

(6) em (7):

$$-10\underline{/20°} \cdot (10,009\underline{/-17,27°} + 0,455\underline{/2,73°} \, \dot{I}_2) + 17,994\underline{/18,67°} \, \dot{I}_2 = 220\underline{/-120°}$$

$$-100,1\underline{/2,73°} - 4,550\underline{/22,73°} \, \dot{I}_2 + 17,994\underline{/18,67°} \, \dot{I}_2 = 220\underline{/-120°}$$

$$13,459\underline{/17,29°} \, \dot{I}_2 = 186,0\underline{/-93,09°}$$

$$\dot{I}_2 = 13,822\underline{/-110,38°} \, A$$

Substituindo o valor de $\dot{I}_2$ em (6) temos.

$$\dot{I}_1 = 10,009\underline{/-17,27°} + 0,4550\underline{/2,73°} \cdot 13,822\underline{/-110,38°}$$

$$\dot{I}_1 = 10,009\underline{/-17,27°} + 6,2890\underline{/-107,63°} = 7,653 \, - j8,966$$

$$\dot{I}_1 = 11,788\underline{/-49,51°} \, A$$

De (3):

$$\dot{I}_A = 11,788\underline{/-49,51°} \, A$$

De (4):

$$\dot{I}_B = 13,822\underline{/-110,38°} - 11,788\underline{/-49,51°} = -10,49 - j5,29$$

$$\dot{I}_B = 13,09\underline{/-162,25°} \, A$$

De (5):

$$\dot{I}_C = 13,822\underline{/69,62°} \, A$$

(c) Sem neutro – método do deslocamento do neutro:

$$Y_A = \frac{1}{Z_A} = \frac{1}{12\underline{/15}} = 0,0833\underline{/-15°} \, S$$

$$Y_B = \frac{1}{Z_B} = \frac{1}{10\,\underline{/20}} = 0{,}1\,\underline{/-20°}\ \text{S}$$

$$Y_C = \frac{1}{Z_C} = \frac{1}{8\,\underline{/17}} = 0{,}125\,\underline{/-17°}\ \text{S}$$

$$\dot{V}_{PN} = \frac{Y_A \cdot \dot{V}_{AN} + Y_B \cdot \dot{V}_{BN} + Y_C \cdot \dot{V}_{CN}}{Y_A + Y_B + Y_C}$$

$$\dot{V}_{PN} = \frac{0{,}08333\,\underline{/-15}\ \cdot\ 127\,\underline{/-30} + 0{,}1\,\underline{/-20}\ \cdot\ 127\,\underline{/-150} + 0{,}125\,\underline{/-17}\ \cdot\ 127\,\underline{/90}}{0{,}08333\ -15 + 0{,}1\,\underline{/-20} + 0{,}125\,\underline{/-17}}$$

$$\dot{V}_{PN} = \frac{10{,}583\,\underline{/-45} + 12{,}7\,\underline{/-170} + 15{,}875\,\underline{/73}}{0{,}3082\,\underline{/-17{,}43}} = \frac{5{,}506\,\underline{/93{,}98}}{0{,}3082\,\underline{/-17{,}43}}$$

$$\dot{V}_{PN} = 17{,}867\,\underline{/111{,}41°}\ \text{V}$$

$$\dot{V}_{AP} = \dot{V}_{AN} - \dot{V}_{PN}$$

$$\dot{V}_{AP} = 127\,\underline{/-30°} - 17{,}867\,\underline{/111{,}41°} = 116{,}5 - j80{,}13$$

$$\dot{V}_{AP} = 141{,}4\,\underline{/-34{,}52°}\ \text{V}$$

$$\dot{V}_{BP} = \dot{V}_{BN} - \dot{V}_{PN}$$

$$\dot{V}_{BP} = 127\,\underline{/-150°} - 17{,}867\,\underline{/111{,}41°} = -103{,}5 - j80{,}13$$

$$\dot{V}_{BP} = 130{,}9\,\underline{/-142{,}24°}\ \text{V}$$

$$\dot{V}_{CP} = \dot{V}_{CN} - \dot{V}_{PN}$$

$$\dot{V}_{CP} = 127\,\underline{/90°} - 17{,}867\,\underline{/111{,}41°} = 6{,}521 + j110{,}4$$

$$\dot{V}_{CP} = 110{,}6\,\underline{/86{,}62°}\ \text{V}$$

$$\dot{I}_A = Y_A \cdot \dot{V}_{AP}$$

$$\dot{I}_A = 0{,}08333\,\underline{/-15°} \cdot 141{,}4\,\underline{/-34{,}52°}$$

$$\dot{I}_A = 11{,}784\,\underline{/-49{,}52°}\ \text{A}$$

$$\dot{I}_B = Y_B \cdot \dot{V}_{BP}$$

$$\dot{I}_B = 0{,}1\,\underline{/-20°} \cdot 130{,}9\,\underline{/-142{,}24°}$$

$$\dot{I}_B = 13{,}087\,\underline{/-162{,}24°}\ \text{A}$$

$$\dot{I}_C = Y_C \cdot \dot{V}_{CP}$$

$$\dot{I}_C = 0{,}125\,\underline{/-17°} \cdot 110{,}6\,\underline{/86{,}62°}$$

$$\dot{I}_C = 13{,}82\,\underline{/69{,}62°}\ \text{A}$$

(d) Sem neutro – método da conversão de $\mathbf{Y}$ para Δ :

$$Z_{AB} = \frac{Z_A \cdot Z_B + Z_A \cdot Z_C + Z_B \cdot Z_C}{Z_C}$$

$$Z_{BC} = \frac{Z_A \cdot Z_B + Z_A \cdot Z_C + Z_B \cdot Z_C}{Z_A}$$

$$Z_{CA} = \frac{Z_A \cdot Z_B + Z_A \cdot Z_C + Z_B \cdot Z_C}{Z_B}$$

$$Z_A \cdot Z_B + Z_B \cdot Z_C + Z_C \cdot Z_A =$$

$$= 12\,\underline{/15°} \cdot 10\,\underline{/20°} + 10\,\underline{/20°} \cdot 8\,\underline{/17°} + 8\,\underline{/17°} \cdot 12\,\underline{/15°} =$$

$$= 120\,\underline{/35°} + 80\,\underline{/37°} + 96\,\underline{/32°} = 295{,}8\,\underline{/34{,}57°}\ \Omega$$

$$Z_{AB} = \frac{295{,}8\,\underline{/34{,}57}}{8\,\underline{/17}} = 36{,}98\,\underline{/17{,}57°}\ \Omega$$

$$Z_{BC} = \frac{295,8 \, \underline{/34,57}}{12\underline{/15}} = 24,65\underline{/19,57°} \ \Omega$$

$$Z_{CA} = \frac{295,8 \, \underline{/34,57}}{10\underline{/20}} = 29,58\underline{/14,57°} \ \Omega$$

Com a carga em triângulo equivalente:

$$\dot{I}_{AB} = \frac{\dot{V}_{AB}}{Z_{AB}} = \frac{200\underline{/0}}{36,98\underline{/17,57}} = 5,949\,\underline{/-17,57°} \ A$$

$$\dot{I}_{BC} = \frac{\dot{V}_{BC}}{Z_{BC}} = \frac{220\underline{/-120}}{24,65\underline{/19,57}} = 8,925\,\underline{/-139,57°} \ A$$

$$\dot{I}_{CA} = \frac{\dot{V}_{CA}}{Z_{CA}} = \frac{220\underline{/120}}{29,58\underline{/14,57}} = 7,437\underline{/105,43°} \ A$$

$$\dot{I}_A = \dot{I}_{AB} - \dot{I}_{CA}$$

$$\dot{I}_A = 5,949\underline{/-17,57°} - 7,437\underline{/105,43°} = 7,65 - j8,965$$

$$\dot{I}_A = 11,785\,\underline{/-49,52°} \, A$$

$$\dot{I}_B = \dot{I}_{BC} - \dot{I}_{AB}$$

$$\dot{I}_B = 8,925\underline{/-139,57°} - 5,949\,\underline{/-17,57°} = -12,465 - j3,992$$

$$\dot{I}_B = 13,089\,\underline{/-162,24°} \, A$$

$$\dot{I}_C = \dot{I}_{CA} - \dot{I}_{BC}$$

$$\dot{I}_C = 7,437\underline{/105,43°} - 8,925\,\underline{/-139,57°} = 4,815 + j12,957$$

$$\dot{I}_C = 13,822\underline{/69,62°} \, A$$

3. Uma residência é suprida pela concessionária a duas fases e neutro, de uma rede em que $\dot{V}_{AN} = 120\underline{/120°}$ V e $\dot{V}_{CN} = 120\underline{/0°}$ V. Nesta residência estão ligados:

- entre as fases **A** e **C**, um chuveiro elétrico que consome 3300 W a 220 V;
- entre a fase **A** e o neutro, 10 lâmpadas especificadas para 60 W–110 V;
- entre a fase **C** e o neutro, um eletrodoméstico cuja impedância equivalente vale $29\underline{/33°}$ Ω.

Calcule as correntes nas linhas e no neutro.

Solução:

$$P_{\text{chuv}} = \frac{V^2_{\text{nom chuv}}}{R_{\text{chuv}}}$$

$$3300 = \frac{220^2}{R_{\text{chuv}}}$$

$$Z_{CA} = R_{\text{chuv}} = 14,67\underline{/0°} \ \Omega$$

$$P_{\text{lâmp}} = \frac{V^2_{\text{nom lâmp}}}{R_{\text{lâmp}}}$$

$$600 = \frac{110^2}{R_{lâmp}}$$

$$Z_A = R_{lâmp} = 20{,}17 \underline{/0°} \ \Omega$$

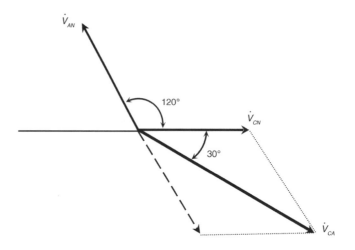

$$\dot{V}_{CA} = 207{,}8 \underline{/-30°} \ V$$

$$\dot{I}_A' = \frac{\dot{V}_{AN}}{Z_A} = \frac{120 \underline{/120}}{20{,}17 \underline{/0}} = 5{,}950 \underline{/120°} \ A$$

$$\dot{I}_C' = \frac{\dot{V}_{CN}}{Z_C} = \frac{120 \underline{/0}}{29 \underline{/33}} = 4{,}138 \underline{/-33°} \ A$$

$$\dot{I}_{CA} = \frac{\dot{V}_{CA}}{Z_{CA}} = \frac{207{,}8 \underline{/-30}}{14{,}67 \underline{/0}} = 14{,}16 \underline{/-30°} \ A$$

$$\dot{I}_A = \dot{I}_A' - \dot{I}_{CA}$$

$$\dot{I}_A = 5{,}950 \underline{/120°} - 14{,}16 \underline{/-30°} = -15{,}235 + j12{,}233$$

$$\boxed{\dot{I}_A = 19{,}54 \underline{/141{,}2°} \ A}$$

$$\dot{I}_C = \dot{I}_C' + \dot{I}_{CA}$$

$$\dot{I}_C = 4{,}138 \underline{/-33°} - 14{,}16 \underline{/-30°} = 15{,}73 - j9{,}334$$

$$\boxed{\dot{I}_C = 18{,}29 \underline{/-30{,}68°} \ A}$$

$$\dot{I}_N = \dot{I}_A' + \dot{I}_C'$$

$$\dot{I}_N = 5{,}950 \underline{/120°} + 4{,}138 \underline{/-33°} = 0{,}495 - j2{,}899$$

$$\boxed{\dot{I}_N = 2{,}941 \underline{/80{,}31°} \ A}$$

19.9 EXERCÍCIOS PROPOSTOS

1. Um sistema trifásico, de seqüência **ABC**, com $\dot{V}_{BC} = 381 \underline{/0°}$ V, tem uma carga ligada em triângulo, para a qual: $Z_{AB} = 10{,}0 \underline{/30°} \ \Omega$; $Z_{BC} = 25{,}0 \underline{/0°} \ \Omega$; $Z_{CA} = 20{,}0 \underline{/-30°} \ \Omega$. Determine as correntes nas linhas.

2. Refaça o Exercício 1, mudando a seqüência de fases para **CBA** (com $\dot{V}_{BC}$ na referência). Compare os resultados e verifique se houve modificação no valor das correntes.

3. A um sistema trifásico a quatro fios, com $\dot{V}_{AN} = 127 \underline{/-60°}$ V, seqüência positiva, é conectada uma carga trifásica desequilibrada ligada em estrela, tal que: $Z_A = (5 + j2) \ \Omega$; $Z_B = -j10 \ \Omega$; $Z_C = (4 - j7) \ \Omega$. Determine as correntes nas linhas e no neutro.

4. Um sistema trifásico de seqüência **CBA**, com $\dot{V}_{AN} = 120 \underline{/-90°}$ V, possui uma carga ligada em **Y**, com $Z_A = 6 \underline{/0°} \ \Omega$, $Z_B = 6 \underline{/30°} \ \Omega$ e $Z_C = 5 \underline{/45°} \ \Omega$. Pede-se:
   (a) as correntes $\dot{I}_A$, $\dot{I}_B$, $\dot{I}_C$ e $\dot{I}_N$, no caso com o neutro conectado;

(b) as correntes $\dot{I}_A$, $\dot{I}_B$ e $\dot{I}_C$ com o neutro desconectado; utilize o método das correntes de malhas;

(c) as tensões $\dot{V}_{AP}$, $\dot{V}_{BP}$ e $\dot{V}_{CP}$ referentes ao item (b);

(d) refaça os itens (b) e (c), empregando a tensão de deslocamento do neutro;

(e) refaça o item (b), empregando o método da conversão **Y–Δ**.

5. Uma residência é suprida pela concessionária a duas fases e neutro, de uma rede em que $\dot{V}_{BN} = 127\underline{/90^\circ}$ V e $\dot{V}_{CN} = 127\underline{/-30^\circ}$ V. Nessa residência, estão ligadas:

- entre as fases **B** e **C**, uma torneira elétrica que consome 3300 W a 220 V;
- entre a fase **B** e o neutro, 10 lâmpadas especificadas para 100 W–127 V;
- entre a fase **C** e o neutro, uma carga de impedância $17\underline{/32^\circ}$ Ω.

Calcule as correntes nas linhas e no neutro.

6. A um sistema trifásico de seqüência negativa, em que $\dot{V}_{BC} = 440\underline{/90^\circ}$ V, são conectadas as seguintes cargas:

- entre as fases **A** e **C**, uma carga resistiva de 300 Ω;
- entre as fases **A** e **B**, uma carga indutiva pura de $j225$ Ω.

Calcule as correntes nas linhas.

Equipamentos de Laboratório

A.1 O MULTÍMETRO

Multímetros são medidores que oferecem em um só instrumento a possibilidade de medição de várias grandezas elétricas, como, por exemplo, tensão contínua, tensão alternada, corrente contínua, corrente alternada e resistência elétrica.

Os multímetros possuem uma **chave seletora** que seleciona a grandeza a ser medida, na escala conveniente.

Cada **escala** compreende a faixa de valores desde a mínima indicação até o valor máximo que o instrumento pode fornecer. Por exemplo, a escala de tensão de 200 V possibilita leituras de tensão de zero a 200 V.

Como não é possível obter exatidão ao colocar todos os valores de medida em uma única escala, os multímetros geralmente contêm várias escalas para a medição da mesma grandeza – como, por exemplo, 200 mV, 2 V, 20 V e 200 V para medir tensão.

É importante consultar previamente o manual do instrumento, para ter conhecimento geral sobre seu funcionamento, exatidão das leituras, recomendações, bornes (terminais) destinados à medição da grandeza pretendida, avisos de sobrecarga etc.

Não se deve girar a chave seletora para mudar a grandeza a ser medida quando o circuito estiver energizado. Antes, o instrumento deve ser desconectado do circuito.

Ao guardar o instrumento, se a chave seletora não tiver a posição OFF (desligado), deve-se posicioná-la na máxima escala de tensão; esta pode ser DC (tensão contínua) ou AC (tensão alternada).

A.2 CONVENÇÃO PARA USO DOS CABOS DO MULTÍMETRO

Os multímetros têm dois cabos de ligação com pontas de prova: um preto e outro vermelho. A convenção para uso desses cabos é a seguinte: o cabo **preto** sempre será ligado ao borne (terminal) negativo ("–" ou **comum**) do multímetro, e o cabo **vermelho**, ao borne "+", "V, Ω" ou "A".

A.3 RESISTORES

Boa parte dos resistores utilizados atualmente é de dois tipos básicos: resistores de carvão e resistores de fio.

Os **resistores de carvão** são constituídos de um elemento resistivo de carvão em pó, um invólucro tubular para proteger o elemento resistivo e terminais condutores para ligar o resistor ao circuito. O carvão em pó é misturado com um material isolante apropriado e o valor da resistência depende das quantidades relativas de carvão e de material isolante utilizados. São resistores de baixa potência, empregados quando a aplicação não exige altas correntes e maior exatidão.

Nos **resistores de fio**, o elemento resistivo é composto por uma resistência de fio especial, enrolada em torno de um núcleo isolado, sobre a qual é aplicada uma quantidade de material isolante. Existem **resistores**

de fio de potência (que conduzem correntes mais elevadas e dissipam grande quantidade de calor) e **resistores de fio de precisão**. Em relação aos resistores de carvão, os resistores de fio são de custo mais elevado.

A **tolerância** é uma faixa em que pode variar o valor da resistência do resistor. Ocorre porque os resistores são fabricados em série e existem variações no processo de fabricação. A tolerância indica quanto acima ou quanto abaixo do valor especificado pode estar a resistência do resistor.

A.4 O CÓDIGO DE CORES

Os resistores de carvão possuem faixas coloridas pintadas em seu corpo, que servem para identificar o valor de sua resistência, que é obtida da seguinte maneira:

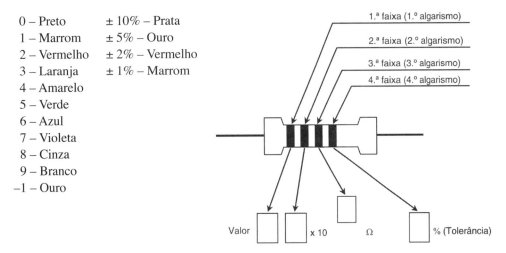

0 – Preto   ± 10% – Prata
1 – Marrom   ± 5% – Ouro
2 – Vermelho   ± 2% – Vermelho
3 – Laranja   ± 1% – Marrom
4 – Amarelo
5 – Verde
6 – Azul
7 – Violeta
8 – Cinza
9 – Branco
–1 – Ouro

Figura A.1 Designação das faixas dos resistores de acordo com o código de cores.

Exemplo:

Figura A.2 Leitura com o uso do código de cores.

5% de 1800 Ω = 90 Ω O resistor pode ter sua resistência variando entre (1800 – 90) = 1710 Ω e (1800 + 90) = 1890 Ω.

Comercialmente são encontrados com facilidade resistores com valores entre 1 Ω e 10 MΩ. O primeiro e o segundo algarismos do código de cores formam os *valores preferenciais*: 10, 12, 15, 18, 22, 27, 33, 39, 47, 56, 58 e 82, sendo mais fácil encontrar resistores com valores iniciados por esses algarismos, como, por exemplo, 1000 Ω, 1200 Ω, 15000 Ω, 220 kΩ etc.

Os resistores podem ter seu valor codificado, tal como 18R (18 Ω) ou 4k7 (4,7 kΩ ou 4700 Ω).
Quando os resistores tiverem cinco faixas coloridas, sua resistência é obtida da seguinte maneira:

Figura A.3 Resistor com cinco faixas coloridas.

A.5 MEDIÇÃO DE RESISTÊNCIA ELÉTRICA

O multímetro irá funcionar como um **ohmímetro**, o instrumento individual que mede resistência elétrica.

A chave seletora do multímetro deve ser posicionada em uma das faixas para medição de resistência elétrica.

Quando não se tem idéia do valor da resistência a ser medida, pode-se começar com a escala de maior valor. Faz-se a medição; se a leitura for muito baixa, chaveia-se para outra escala menor até que a leitura seja adequada.

As pontas de prova do instrumento devem ser conectadas aos terminais da resistência que se quer medir, **os quais devem estar desenergizados.**

Ao se fazer a medição, ocorrerá erro se as mãos estiverem em contato com a parte metálica das pontas de prova. Isto acontece devido à resistência elétrica do corpo humano, que fica conectada aos pontos de teste, alterando a medida.

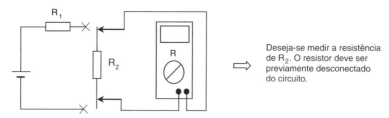

Figura A.4 Medição de resistência elétrica.

A.6 MEDIÇÃO DE TENSÃO

O instrumento individual utilizado para medir a tensão elétrica é o **voltímetro**.

O multímetro, assim como o voltímetro, deve ser colocado **em paralelo** com os pontos do circuito onde se deseja medir tensão, como mostra a Figura A.5.

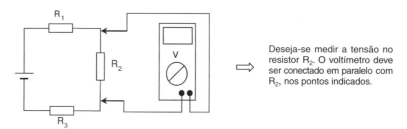

Figura A.5 Medição de tensão.

Quando não se sabe o valor da tensão a ser medida, a chave seletora do multímetro deve ser posicionada para a maior escala de tensão. Em seguida, conectam-se as pontas de prova do instrumento (se tensão contínua, a ponta preta no lado negativo e a ponta vermelha no lado positivo do circuito). Se a leitura obtida é absolutamente pequena na faixa usada, então a chave seletora deve ser posicionada para uma faixa menor até que a leitura obtida seja adequada.

Se ocorrer aviso de sobrecarga, deve-se desligar imediatamente o instrumento do circuito e utilizar uma faixa maior.

A.7 MEDIÇÃO DE CORRENTE

O multímetro irá atuar como um **amperímetro**, o instrumento utilizado para medir a intensidade da corrente elétrica. Então, o instrumento deve ser conectado **em série** no ramo do circuito em que se deseja medir corrente:

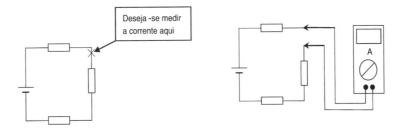

Figura A.6 Medição de corrente elétrica.

Quando não se sabe o valor da corrente a ser medida, deve-se começar com a maior escala de corrente. Como o instrumento é ligado em série, deve-se desligar a alimentação do circuito para introduzi-lo. Depois, conecta-se o lado positivo à ponta de prova vermelha e o lado negativo à ponta de prova preta.

Restabelecendo-se a alimentação do circuito, se a leitura obtida for realmente pequena, deve-se selecionar uma faixa menor, até que se possa fazer uma leitura adequada.

Quando for necessário mudar a escala (girar a chave seletora), é conveniente desligar a alimentação do circuito antes, para proteger os circuitos internos do instrumento durante o chaveamento.

Se ocorrer aviso de sobrecarga, deve-se desligar o multímetro do circuito imediatamente e posicionar a chave seletora para uma escala de corrente maior. Se, mesmo nessa escala, ainda ocorrer sobrecarga, o instrumento deverá ser desconectado do circuito e não poderá ser utilizado para essa medição: a corrente sob medição é mais elevada que aquela que o multímetro pode medir. Deve-se, então, procurar outro instrumento mais apropriado.

Um amperímetro, ou um multímetro conectado como tal, não pode ser acidentalmente conectado como voltímetro – ou seja, em paralelo com o circuito. Geralmente, esses instrumentos não têm proteção eficiente contra grave erro de conexão, podendo sofrer danos irreversíveis.

A.8 A FONTE DE TENSÃO

A fonte de tensão é um equipamento que fornece tensão contínua variável. Possui dois bornes de saída, um positivo e outro negativo. O valor de tensão desejado é obtido girando-se um botão de ajuste.

Ao se utilizar a fonte de tensão, três cuidados básicos devem ser tomados:

- antes de ligar a fonte à rede, deve-se certificar-se de que ela está ajustada para a tensão alternada disponível (127 V ou 220 V);
- não curto-circuitar os bornes de saída da fonte; se isto acontecer, o fusível de proteção da fonte queimará;
- ao terminar o uso, zerar o botão de ajuste antes de desligar a fonte.

RESPOSTAS DOS EXERCÍCIOS NUMÉRICOS

CAPÍTULO 3

5. 80,1 V; **6.** 4,885 Ω; **7.** 110 V

CAPÍTULO 4

2. (a) 16 W; (b) 57 600 J
3. 27,27 A
4. 0,36 kWh
5. (a) 6960 J; (b) 116 V
6. (a) 125 V; (b) 15,625 Ω
7. 3,15 kWh
8. 10 V; 2 A
9. (a) 403,2 Ω; (b) 0,315 A; (c) 30 W; (d) 48,6 W

CAPÍTULO 5

1a. $R_{eq} = 20$ Ω; $V_1 = 3,75$ V; $V_2 = 11,25$ V; $V_3 = 15$ V; $I_1 = I_2 = I_3 = 1,5$ A; $I = 1,5$ A; $P = 45$ W
1b. $R_{eq} = 5$ Ω; $V_1 = V_2 = V_3 = 120$ V; $I_1 = 12$ A; $I_2 = 10$ A; $I_3 = 2$ A; $I = 24$ A; $P = 2880$ W
2. R_4 (3 A)
3. R_4 (2,75 V)
4. $V_A = 0$; $V_B = 4,29$ V; $V_C = 4,29$ V; $V_D = 6,43$ V; $I_A = 0$; $I_B = I_C = I_D = 42,86$ mA
5. $V = 1,12$ V
6. (a) 18 V; (b) 7,2 W; (c) 21,6 W
7. (a) 40

CAPÍTULO 6

1. (a) 10 Ω; (b) 3,5 Ω; (c) 4 Ω
2. $I_3 = 2,3$ A; $I_6 = 6,2$ A
3. $V_2 = 11$ V; $V_4 = 9$ V; $V_5 = V_7 = 2$ V
4. $I_1 = 20$ A; $I_2 = 10$ A; $I_4 = 8$ A; $I_5 = 2$ A; $V_1 = 100$ V; $V_2 = 100$ V; $V_3 = 20$ V; $V_4 = 80$ V; $V_5 = 80$ V; $V = 200$ V
5. $R_{eq} = 800$ Ω; $I_1 = I_2 = 0,2$ A; $I_3 = 0,0667$ A; $I_4 = I_5 = 0,133$ A; $V_1 = V_2 = 40$ V; $V_3 = 80$ V; $V_4 = 13,3$ V; $V_5 = 66,7$ V
6. $I = 5$ A; $V = 60$ V; $P = 300$ W
7. $I = 3$ A; $R_{eq} = 19,33$ Ω; $V = 58$ V
8. (a) 2,0 A; (b) 2,5 A

CAPÍTULO 7

1a. $I_3 = I_4 = I_5 = 0,03$ A; $V_3 = 18$ V; $V_4 = 9$ V; $V_5 = 3$ V; $P_3 = 0,54$ W; $P_4 = 0,27$ W; $P_5 = 0,09$ W; $P_1 = 0,54$ W; $P_2 = 0,36$ W

1b. $I_3 = 1,3$ A; $I_4 = 0,1667$ A; $I_5 = 1,133$ A; $V_3 = 130$ V; $V_4 = 50$ V; $V_5 = 170$ V; $P_1 = 234$ W; $P_2 = 136$ W; $P_3 = 169$ W; $P_4 = 8,33$ W; $P_5 = 192,7$ W

2. 2,667 A

3. 33,3 A; 133,3 V

CAPÍTULO 8

3. (a) $V_{Th} = 8$ V; $R_{Th} = 2$ kΩ; $I_N = 4$ mA; (b) $V_{Th} = 15$ V; $R_{Th} = 5$ kΩ; (c) $V_{Th} = 68,57$ V; $R_{Th} = 3,429$ kΩ; $I_N = 20$ mA

4. 0,125 A

5. (a) 19,2 V; 1,6 mA; 30,72 mW; (b) 3,941 mA; 2,758 V; 10,87 mW; (c) 13,77 mA; 2,755 V; 37,94 mW

CAPÍTULO 10

2. 2,04 nF

CAPÍTULO 12

3. (a) 8,49 A; 1Hz; (b) 176,8 V; 200 Hz

4. (a) 4,243 A; 33,3 ms; (b) 127,3 V; 4 ms

CAPÍTULO 13

5. 1,7 A; **6.** 38,2 mH; **7.** 39 kΩ

CAPÍTULO 14

1c. 4,243 V; 2,121 A; 9 W; **2.** zero; **3.** zero

CAPÍTULO 15

3. (a) $1175 - j391$; (b) $-138,5 + j851,8$; (c) $1,006 \underline{/12,21°}$; (d) $1,211 \underline{/-111,92°}$

4. (a) $2,210 \underline{/25,91°}$; (b) $-0,708 - j0,870$; (c) $0,5747 \underline{/25,91°}$; (d) $0,4287 \underline{/-102,55°}$

CAPÍTULO 16

3. (a) $Z_{eq} = 36,27 \underline{/-46,43°}$ Ω; $\dot{I}_R = \dot{I}_L = \dot{I}_C = 10,477 \underline{/-6,57°}$ A; $\dot{V}_R = 261,9 \underline{/-6,57°}$ V; $\dot{V}_L = 316 \underline{/83,43°}$ V; $\dot{V}_C = 591,3 \underline{/-96,57°}$ V; $P = 2744$ W; $Q = -2884$ Var; $\dot{S} = 3981 \underline{/-46,43°}$ VA; 0,689 capacitivo

(b) $\dot{I}_R = 1,099 \underline{/0°}$ A; $\dot{I}_L = 0,889 \underline{/-90°}$ A; $\dot{I} = 1,414 \underline{/-38,95°}$ A; $Z_{eq} = 406,8 \underline{/38,96°}$ Ω; $\cos \varphi = 0,778$ ind.; $P = 632,2$ W; $Q = 511$ Var; $\dot{S} = 813 \underline{/38,95°}$ VA

(c) $\dot{I}_R = 4,385 \underline{/-45°}$ A; $\dot{I}_L = 2,529 \underline{/-135°}$ A; $\dot{I}_C = 0,7163 \underline{/45°}$ A; $\dot{I} = 4,744 \underline{/-67,46°}$ A; $Z_{eq} = 48,06 \underline{/22,46°}$ Ω; $\cos \varphi = 0,924$ ind.; $P = 1000$ W; $Q = 413,3$ Var; $\dot{S} = 1082 \underline{/22,46°}$ VA

4. (a) $Z_{eq} = 45,24 \underline{/90°}$ Ω; $\dot{I}_1 = \dot{I}_2 = \dot{I}_3 = 2,653 \underline{/-90°}$ A; $\dot{V}_1 = 10 \underline{/0°}$ V; $\dot{V}_2 = 30 \underline{/0°}$ V; $\dot{V}_3 = 80 \underline{/0°}$ V

(b) $\dot{I}_1 = 8,483 \underline{/90°}$ mA; $\dot{I}_2 = 27,99 \underline{/90°}$ mA; $\dot{V}_1 = \dot{V}_2 = 225 \underline{/0°}$ A

5. (a) $123 \underline{/-17°}$ V; (b) $205 \underline{/-70,13°}$ V;

(c) $504,3$ W; $Q_L = 420,3$ Var; $Q_C = -1093$ Var   (d)

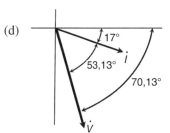

6. $\dot{V} = 294,9 \underline{/29°}$ A; $\dot{I} = 5,026 \underline{/22,96°}$ A

CAPÍTULO 17

1. $Z_{eq} = 19{,}59\underline{/29{,}10°}\ \Omega$; $\dot{I}_1 = \dot{I}_2 = \dot{I}_3 = 10{,}464\underline{/-79{,}11°}$ A; $\dot{I}_4 = 2{,}270\underline{/-1{,}63°}$ A; $\dot{I}_5 = \dot{I}_6 = 10{,}215\underline{/-91{,}63°}$ A; $\dot{V}_1 = 157{,}0\underline{/-79{,}11°}$ V; $\dot{V}_2 = 209{,}3\underline{/10{,}90°}$ V; $\dot{V}_3 = 209{,}3\underline{/-169{,}11°}$ V; $\dot{V}_4 = 102{,}1\underline{/-1{,}61°}$ V; $\dot{V}_5 = 664{,}0\underline{/-1{,}61°}$ V; $\dot{V}_6 = 561{,}8\underline{/-181{,}6°}$ V
2. (a) 0,979 ind.; (b) 727,8 W; (c) 151,9 Var; (d) 743,5 $\underline{/11{,}79°}$ VA; (e) 210,9 $\underline{/11{,}79°}$ Ω (I = 1,8775 $\underline{/55{,}21°}$ A)
3. $\dot{V}_3 = 36{,}85\ \underline{/-29{,}01°}$ V; $\dot{I}_1 = 0{,}01438\ \underline{/-33{,}94°}$ A; $\dot{V} = 44{,}41\ \underline{/-25{,}93°}$ V
4. (a) cos φ = 0,982 ind.; P = 4005 W; perdas: 265 W; (b) 117,3 V; (c) cos φ = 0,764 ind; P = 604 W; perdas: 10 W.

CAPÍTULO 18

6. (a) $\dot{I}_A = 30\underline{/8{,}13°}$ A; $\dot{I}_B = 30\underline{/-111{,}87°}$ A; $\dot{I}_C = 30\underline{/128{,}13°}$ A;

   (b) (c) 5280 W; 3960 Var; 6600 $\underline{/36{,}87°}$ VA;
   (d) 15840 W; 11880 Var; 19800 $\underline{/36{,}87°}$ VA

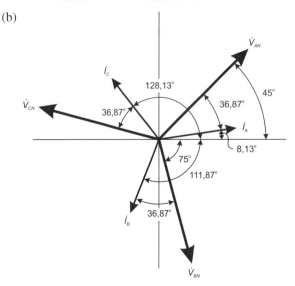

7. (a) 16; (b) 2880 W; 0 Var; 2880 $\underline{/0°}$ VA
8. (a) $\dot{I}_{AB} = 3{,}936\underline{/48°}$ A; $\dot{I}_{BC} = 3{,}936\underline{/-72°}$ A; $\dot{I}_{CA} = 3{,}936\underline{/168°}$ A;
   (b) $\dot{I}_A = 6{,}818\underline{/18°}$ A; $\dot{I}_B = 6{,}818\underline{/-102°}$ A; $\dot{I}_C = 6{,}818\underline{/138°}$ A;
   (c) 1710 W; (d) −1899 Var; (e) 2556 $\underline{/-48°}$ VA; (f) cos φ = 0,669 cap.
9. (a) 32,73 A; (b) 32,73 A; (c) −6,236 kVar; 12,47 $\underline{/-30°}$ kVA
10. (a) I_L = 28,79 A; (b) I_F = 16,624 A; (c) Z = 13,234 $\underline{/2{,}41°}$ Ω/fase; (d) 6695 W
13. $\dot{I}_A = 13{,}471\underline{/-5°}$ A; $\dot{I}_B = 13{,}471\underline{/115°}$ A; $\dot{I}_C = 13{,}471\underline{/-125°}$ A

CAPÍTULO 19

1. $\dot{I}_A = 57{,}15\underline{/90°}$ A; $\dot{I}_B = 41{,}03\underline{/-68{,}2°}$ A; $\dot{I}_C = 24{,}40\underline{/-128{,}66°}$ A
2. $\dot{I}_A = 33\underline{/-120°}$ A; $\dot{I}_B = 51{,}86\underline{/21{,}55°}$ A; $\dot{I}_C = 33{,}14\underline{/163{,}29°}$ A
3. $\dot{I}_A = 23{,}58\underline{/-81{,}80°}$ A; $\dot{I}_B = 12{,}7\underline{/-90°}$ A; $\dot{I}_C = 15{,}752\underline{/120{,}26°}$ A; $\dot{I}_N = 22{,}90\underline{/-101{,}52°}$ A
4. (a) $\dot{I}_A = 20\underline{/-90°}$ A; $\dot{I}_B = 20\underline{/0°}$ A; $\dot{I}_C = 24\underline{/105°}$ A; $\dot{I}_N = 14{,}15\underline{/12{,}99°}$ A
   (b) $\dot{I}_A = 23{,}24\underline{/-98{,}93°}$ A; $\dot{I}_B = 15{,}414\underline{/-2{,}84°}$ A; $\dot{I}_C = 26{,}49\underline{/116{,}42°}$ A
   (c) $\dot{V}_{AP} = 139{,}5\underline{/-98{,}93°}$ A; $\dot{V}_{BP} = 92{,}48\underline{/27{,}16°}$ A; $\dot{V}_{CP} = 132{,}5\underline{/161{,}42°}$ A
5. $\dot{I}_B = 22{,}17\underline{/109{,}77°}$ A; $\dot{I}_C = 22{,}47\underline{/-60{,}66°}$ A; $\dot{I}_N = 3{,}733\underline{/20{,}0°}$ A
6. $\dot{I}_A = 1{,}004\underline{/-73{,}06°}$ A; $\dot{I}_B = 1{,}956\underline{/60°}$ A; $\dot{I}_C = 1{,}467\underline{/-150°}$ A

REFERÊNCIAS

ALVARENGA A. B.; LUZ, A. M. R. **Curso de Física**, 2ª ed. São Paulo: Editora Harbra Ltda., 1987, vol. 3.

BONJORNO, R. F. S. A.; BONJORNO, J. R.; BONJORNO, V. **Física**. São Paulo: Editora FTD S.A., 1985, vol. 3.

CAVALCANTI, P. J. M. **Eletrotécnica para Técnicos em Eletrônica**, 14ª ed. Rio de Janeiro: Livraria Freitas Bastos S.A., 1982.

CUTLER, P. **Análise de Circuitos de Corrente Alternada**, Trad. A. P. Toledo. São Paulo: Editora McGraw-Hill do Brasil, 1976.

DIARD, M., NIARD, P. et al. **Los Générales Courant Continu Courant Alternatif**. Colections Jean Niard. Paris: Nathan Technique, s/d.

EDMINISTER, J. A. **Circuitos Elétricos**, 2ª ed. Trad. L. S. Blandy. São Paulo: Editora McGraw-Hill do Brasil, 1985.

OLIVEIRA, J. C.; SOUZA, A. L. **Breve Esboço sobre História da Ciência e Tecnologia da Eletricidade e do Magnetismo até Fins do Século XIX**. UFRJ (da Internet, acesso em abril de 2003).

RAMALHO Jr., F.; FERRARO, N. G.; SOARES, P. A. T. **Os Fundamentos da Física**, 5ª ed. São Paulo: Editora Moderna Ltda., 1989, vol. 3.

VAN VALKENBURGH, N.; NEVILLE, INC. **Eletricidade Básica**. Trad. P. J. M. Cavalcanti. Rio de Janeiro: Ao Livro Técnico S.A., 1984, vols. 1 e 3.

ÍNDICE

A

Alnicos, 58
Âmbar, propriedades do, 1
Amperímetro, 144
Amplitude, 75
Argumento, 90
Associações em série e em paralelo, 94-108
Átomos, 3
Atração e repulsão, 4
Auto-indução, 79

C

Campo(s)
  elétrico, 4
  magnéticos, 59
    de uma bobina, 62
    em torno de um condutor, 61
Capacitância, 65-69, 79-85, 109-114
  de um capacitor, fatores de que depende a, 66
    área das placas, 66
    distância entre as placas, 66
    tipo de material dielétrico, 66
Capacitor(es), 65, 94-108
  tipos, 67
    a óleo, 67
    de ar, 67
    de cerâmica, 67
    eletrolíticos, 68
Carga(s)
  a duas fases e neutro, 134
  desequilibradas, 129
    em estrela
      a quatro fios, 130
      a três fios, 131
    em triângulo, 129
  elétrica, 3
    descarga, 6
  em "V" ou em triângulo aberto, 135
  equilibrada
    em estrela, 118
    em triângulo, 121
  negativa, 3
  positiva, 3
Chave seletora, 142
Ciclo, corrente alternada, 75
Circuito(s)
  aberto, 25
  elétrico, modelamento de um, 12
  LC, 94
  monofásico, 94
  RC, 94
  RL, 94

RLC, 94
  trifásicos
    desequilibrados, 129-141
    equilibrados, 115-128
Código de cores, 143
Condutor, 8
Conjugado, 90
Constante dielétrica, 66
Corrente(s)
  alternada, 72-78
    ciclo de uma, 75
    circuitos, 79-85, 94-108
      capacitância nos, 83
      com componentes em paralelo, 98
      efeito da indutância nos, 81
      em série, 97
      mistos, 109-114
    gerador elementar, 73
  contínua, 21-42
    circuitos contendo várias fontes de
      tensão, 43-48
  de fase, 119, 122
  de linha, 119, 122
  elétrica, 8-9
    e lei de Ohm, 8-14
    intensidade, 9
    sentido da
      convencional, 9
      eletrônico ou real, 9
    tipos
      corrente alternada (CA), 11
      corrente contínua (CC), 11
  em fase, 79
  equivalente de Norton, 50
Curto-circuito, 25

D

Diferença de potencial (d.d.p.), 9, 65
Divisor da tensão resistivo, 25
Domínios magnéticos, 59

E

Efeito Joule, 17
  em aquecedores, 17
  em fusíveis, 17
  em lâmpadas incandescentes, 17
Elektron, 1
Eletricidade, 1
  estática, 3-7
  história da, 1-2
  uso dos números complexos, 96

Eletrização, 1, 5
  por atrito, 5
  por contato, 5
  por indução, 6
Eletroímãs, 63
Eletromagnetismo, 58-64
Elétrons livres, 8
Elo fusível, 17
Energia elétrica, 15-20
Equipamento de laboratório, 142-145
Escala, 142

F

Fasores, 94
Fator de potência, 100
Ferritas, 58
Ferro doce, 58
Filamento, 17
Fonte(s)
  de corrente, 49
  de tensão, 12, 145
Força
  contra-eletromotriz, 79
  eletromotriz (f.e.m.), 9
    induzida, 70-71
Forma
  algébrica, 89
  de onda, 74
    defasagem, 77
    em fase, 77
  polar, 89, 90

G

Garrafa de Leyden, 1
Gerador trifásico, 116

H

henry, 81

I

Ímã(s)
  artificial, 58
  elementares, 59
  naturais, 58
  permanentes, 58
  temporários, 58
Impedância, 94

I

Índice subscrito, 22
Indução eletromagnética, 70
Indutância, 79-85, 109-114
    símbolo, 80
    unidade de medida, 81
Indutores, 94-108
Isolantes, 8

J

Joule (J), 16

L

Lei
    de Kirchhoff, 32, 119
        primeira (lei dos nós ou lei das correntes), 33
        segunda (lei das malhas), 34
    de Lenz, 70-71
    de Ohm, 11, 98, 119, 122
Linhas de força eletrostática, 4

M

Magnetismo, 1, 58-64
Magnetita, 58
Malha, 33
Máquina eletrostática, 1
Matéria, 3
Materiais
    condutores, 8
    isolantes, 8
    magnéticos, natureza dos, 59
        dielétricos, 65
Medição
    de corrente, 144
    de tensão, 144
Método
    da conversão da estrela em triângulo
        equivalente, 133
    das correntes de malha, 45, 131
    do deslocamento do neutro, 132
Módulo, 90
Molécula, 3
Multímetro, 142
    convenção para uso dos cabos, 142
        preto, 142
        vermelho, 142

N

Nêutrons, 3
Nó, 33
Núcleo, 3
Números
    complexos, 89-93
        operações, 92
        transformações para se representarem, 90
        uso dos, em eletricidade, 96
    reais, 89

O

Ohmímetro, 144
Operações com números complexos, 92
    multiplicação e divisão, 92
    soma e subtração, 92

P

Parâmetros de uma onda alternada senoidal, 75
Pólos magnéticos, 58
    norte, 58
    sul, 58
    zona neutra, 58
Potência, 15-20
    aparente, 86-88, 100
    ativa, 86-88, 100
    nas cargas trifásicas desequilibradas, 135
    nos circuitos
        indutivos e capacitivos, 87
        resistivos, 86
        trifásicos equilibrados, 123
    reativa, 86-88, 100
Prótons, 3

R

Ramo, 33
Reatância
    capacitiva, 83, 84
    indutiva, 81, 82
Regra da mão direita, 61, 62
Relações de fase, 76
Resistência, 79-85, 109-114
    de Thévenin, 49
    elétrica
        fatores, 10
            área de seção transversal, 10
            comprimento, 10
            natureza do material, 10
            temperatura, 10
        medição de, 144
Resistores, 12, 79, 94-108, 142
    associações
        em paralelo, 22
        em série, 21
        mistas, 32
    código de cores, 143
    de carvão, 142
    de fio, 142
        de potência, 142
        de precisão, 143
    equivalentes, 21, 32
    propriedades da associação
        em paralelo, 23
        em série, 22
rms - *root mean square*, 76

S

Semiciclo(s), 75

negativo, 75
positivo, 75
Senóide, 74
Seqüência de fases, 116
Série triboelétrica, 5
Sistema(s)
    desequilibrado, 115
    em estrela
        a quatro fios, 117
        a três fios, 117
    equilibrado, 115
    polifásicos, 115
    simétrico, 115
    trifásico, 115
        em estrela, 117
        em triângulo, 117
Substância, 3

T

Tensão
    de fase, 79, 119, 122
    de linha, 119, 122
    e corrente nos circuitos resistivos, 79
    equivalente de Thévenin, 49
Teorema
    da superposição, 43
    de Norton, 49-57
    de Thévenin, 49-57
Teoria dos domínios magnéticos, 59
Tolerância, 143
Trabalho, 15-20
Transformações para se representarem números
    complexos, 90
    forma algébrica para a forma polar, 90
    forma polar para a forma algébrica, 91
    obtenção do conjugado, 91
Triângulo da impedância, 97

U

Unidade(s)
    de medidas elétricas, múltiplos e submúltiplos, 12
    imaginária, 89

V

Valor(es)
    de pico, 75
    eficaz, 76
    instantâneo, 76
    máximo, 75
    médio da potência no circuito resistivo, 86
    pico a pico, 76
    preferenciais, 143
Vetores, 94
Voltímetro, 144

Pré-impressão, impressão e acabamento

grafica@editorasantuario.com.br
www.editorasantuario.com.br
Aparecida-SP